# 发明是本故事书

卓克 著

江苏凤凰科学技术出版社 · 南京

图书在版编目（CIP）数据

发明是本故事书 / 卓克著 . -- 南京 ： 江苏凤凰科学技术出版社， 2025. 4. -- ISBN 978-7-5713-5099-4

Ⅰ . N19-49

中国国家版本馆 CIP 数据核字第 2025VH3303 号

发明是本故事书

| | |
|---|---|
| 著　　者 | 卓　克 |
| 责任编辑 | 沙玲玲　陈　英　张　润 |
| 责任设计 | 蒋佳佳 |
| 责任校对 | 罗章莉 |
| 责任监制 | 刘文洋 |
| 出版发行 | 江苏凤凰科学技术出版社 |
| 出版社地址 | 南京市湖南路 1 号 A 楼，邮编：210009 |
| 出版社网址 | http://www.pspress.cn |
| 印　　刷 | 南京海兴印务有限公司 |
| 开　　本 | 787 mm × 1 092 mm　1/16 |
| 印　　张 | 18 |
| 字　　数 | 270 000 |
| 版　　次 | 2025 年 4 月第 1 版 |
| 印　　次 | 2025 年 4 月第 1 次印刷 |
| 标准书号 | ISBN 978-7-5713-5099-4 |
| 定　　价 | 79.00元 |

# 推荐序

卓克是我最喜爱的科普作家，没有之一。几乎每天晚上我都在《卓克·科技参考》的陪伴下入眠。他总能把复杂的科技原理拆解出来，厘清发展脉络，不仅满足了我对知识的好奇，还让我建立起系统的科学思维，让我理解科学不是永恒的真理，而是持续纠错的方法，明白重大发明不是天才的灵光乍现，而是整个科技界前赴后继的累积。

当卓克邀请我为《发明是本故事书》写推荐语时，我深感责任重大。我们总倾向于把发明简化为传奇故事：瓦特看见沸腾的水壶发明了蒸汽机，爱迪生在一千次实验后造出电灯。这种武侠小说般的叙事，让多少孩子还没出发就泄了气——以为自己没有惊天动地的天赋，就注定是科技史的旁观者。而这本书给出了真正的答案：当我们看清技术演进的齿轮如何咬合，就会发现每个普通人都能成为推动文明向前的力量。

这本书摘掉了蒙在发明史上的浪漫滤镜。当蒸汽机的原型图纸重现，当无线电专利战争的细节曝光，我们终于看清：历史长河里没有孤立的奇迹，只有环环相扣的必然。爱迪生不是电灯泡的唯一发明者，无线电背后站着被遗忘的探索者。从苏美尔人的泥板到古罗马的排水系统，作者用跨越几千年的案例揭示：真正的创新永远是系统进化的成果。

这或许就是科技教育的意义：当孩子们通过古罗马引水渠理解基础设施的迭代，透过计算机发展史看见技术树的生长，他们收获的不仅是知识，还将破除对“天才”的迷信。那些曾让人望而生畏的科技高峰，原来都是由前人的知识台阶铺就的；那些改变世界的壮举，本质上都是对客观规律的虔诚追随。这本书正在为下一代播撒理性的种子，教他们在仰望星空时，不忘脚下坚实的土地，在憧憬奇迹时，先做规律忠实的门徒。

**傅盛**

**猎豹移动董事长兼 CEO**

# 前言

“发明故事”是少年儿童科普读物的重要题材，但是长久以来，发明的逻辑都被简化，最终往往归为“某人经过多年艰苦卓绝的努力，尝试了若干种方法，终于发明出了某物”这样的逻辑。如果一个人这样做就能不断产生新发明，那创新这件事就太简单了。实际情况是世界上绝大部分的发明都高度集中在某个时段、某个地区，而不是按时间和人口平均分布的。所以发明的诞生，背后是有更复杂的逻辑的，这本书通过很多例子说明了这个逻辑。

许多重大的发明背后都存在这样的规律：那些发明家都是在那个发明涌现出来所需要的“土壤”条件全都备好的时候站在了风口处，于是历史记住了他们的名字。哪怕爱迪生压根就没在地球上出生过，电灯泡这种东西也依然会在 1879 年前后被发明出来。哪怕马

可尼这个小伙子当年去上了大学，然后在博洛尼亚大学当了教授，根本没有发明无线电的一丝念头，无线电也依然会在 1895 年左右被其他人发明出来，“其他人”有可能是大家熟悉的特斯拉，以及俄国的波波夫。当你阅读本书的时候，一个重要发明周边的关键人物都会被提到，也许大众依然认为瓦特是蒸汽机的发明人，但本书会告诉你纽科门也起到了很重要的作用。

当你看过本书，就会理解发明的出现通常不是凭一个天才或者一个精英团队十年如一日攻坚出来的。发明的出现应该是这样一幅全景图：在那里，早已是一大片施足了肥、沐浴了充分阳光的土壤，有人播下了一把种子，没人说得清哪颗种子最先发出芽，等到春天的时候总有那么几株农作物长得最茁壮。这几株最惹眼的农作物就被写进教科书、科普书里，作为杰出的发明者和创新者被铭记，而实际上在那片土壤上还有许多不那么惹眼的发明者和创新者，他们按各自的节奏不断突破技术天花板，做出了创新。

我们也一直非常看重技术发明带来的收益，从“师夷长技以制夷”到“科技是第一生产力”，如今各个领域面临从追赶到自我创新的转换，从这本书中我们可以大致看到发明的土壤是什么样子，从而清晰地判断我们的创新之路上还有哪些值得改进的地方。

# 目录

## 家庭生活篇
创造力可以改变我们的生活

## 个人用品篇
细微处的巧思蕴含畅销世界的秘密

## 信息技术篇

科学的构想是现代生活的底层逻辑

## 食品故事与技术篇

奇妙的创意源自有趣的原理

## 交通运输篇

创新是一场奔腾不息的接力赛



## 医学卫生篇

不可思议的奇遇与冒险

# 家庭生活篇

创造力可以改变我们的生活

# 肥皂——1加1可能大于2

想必很多人有过这样的经历：吃火锅的时候，锅里的油突然溅了出来，弄脏了衣服；吃小龙虾或者鸡腿的时候，直接用手拿着吃，吃完了之后满手都是油……

这时候，只用水洗，衣服上的油渍和手上的油是洗不掉的，必须用肥皂之类的清洁剂揉一揉、搓一搓，油才能被洗掉。当然，也可以用洗衣液或洗衣粉来洗，这些清洁剂的工作原理其实都和肥皂相似。

那么肥皂为什么要叫这么个名字呢？

我小时候觉得，肥皂这个名字听起来很奇怪。“肥”不就是“油多”的意思吗？用肥皂来洗衣服，那衣服不会越洗越油吗？后来我才知道，肥皂还真是用油造出来的，所以这个名字是名副其实的。

肥皂既然是用油做成的，那它怎么能把油洗干净呢？

这个问题解释起来有点复杂，需要有一定的化学知识才容易弄懂。

夏天人们出了很多汗，衣服上会有很多白花花的盐渍。这时候，我们就认为弄脏衣服的是盐。盐可以溶于水，所以拿水泡一泡衣服，就能把盐从衣服上“拽”下来，衣服上的盐渍就洗干净了。

但油就不一样了，油不溶于水，如果衣服上沾了油，光泡水是没办法把油从衣服上“拽”下来的。怎么办呢？得找一种既能溶于水又能溶于油的东西，让它搭把手，把衣服上的油渍给“拽”下来。这种东西就是肥皂。

科学家已经证实，约 4 800 年前，苏美尔人就已经知道用油能够制造出去油的肥皂。那时候古人还没有足够的化学知识，他们怎么能想到用油制作肥皂呢？

发明肥皂的故事有两个版本。

## 发明肥皂的故事：版本一

假设我现在是一个苏美尔人，是一名在贵族家里做饭的厨师，一天到晚都非常忙。

有一天，我一不小心把手边的一碗猪油给碰洒了，猪油在那个时候很珍贵，要是被主人发现，非得挨顿骂不可。所以我就想趁没人发现，赶紧把地上的猪油收拾干净了。我看到炉子里有些烧柴剩下的灰，就把灰先盖在猪油上，然后用它把猪油都吸到一起，揉成一团扔掉，不一会儿，我就把地板清理干净了。

我掏了炉灰，又摸了猪油，手上脏得不行，估计不太好洗干净。可没想到，我拿水冲一冲，竟然一下子就把手洗得干干净净。

你肯定想到了，我刚刚就是在无意中制造出了肥皂，是用炉灰跟猪油混在一起做出来的。

这事挺有意思的，但是我不敢跟别人说，毕竟我弄洒了珍贵的猪油嘛。过了几天，家里另外一名仆人做饭的时候把衣服弄脏了，蹭了好多油，怎么洗也洗不掉。通过我上次观察到的现象，我总结出了一个方法，跟他说："你试试拿点猪油，跟炉子里的灰混到一起，用这个来洗衣服。"

这名仆人半信半疑，但他还是试了一下，结果竟然真的把衣服上的油洗干净了。于是一传十十传百，不光仆人们都知道了，连我们的主人也知道了。主人也开始用灰和猪油做这种肥皂了。

后来，主人有一次跟国王见面的时候，把这个方法告诉了国王，并且献上了几块肥皂。国王一用，效果很不错，衣服一下子就洗干净了。于是国王奖励了主人，并且把做肥皂的方法推广到了全国。

通过观察、概括和反复验证，肥皂就被发明了出来。

## 发明肥皂的故事：版本二

我更喜欢第二个版本。

在这个故事里，肥皂的发明和古罗马人在萨坡山上的祭祀有关。

祭祀就是指古人对祖先、神灵表达敬意。那时大家会聚到一起，穿上统一的服装，一起吟唱诗歌或者背诵祖先的英勇事迹，同时把自己最好的东西，比如各种好吃的、好用的，都拿出来烧，烧成灰，化成烟，烟会往天上飘。古人觉得，这样就相当于把东西供奉给在

《罗马遗迹和人物》，乔瓦尼·保罗·帕尼尼绘

天上的祖先和神灵了。

这些东西里有牛肉、羊肉、猪肉，它们的油很容易蹭到衣服上；同时，火堆燃烧的时候也会有很多草木灰沾到人的衣服上。当时人们经常在萨坡山上搞一些祭祀活动，结束之后衣服往往被弄得很脏。

但是，人们发现这时候的衣服特别好洗，而且不光是衣服洗得干净，如果身上沾了油又沾了灰，身体也洗得特别干净。

慢慢地，人们总结出了经验，用 5 勺灰配上 1 勺油的清洁效果是最好的，肥皂就这么被发明出来了。

因为肥皂是在这座名为“萨坡”的山上被发明出来的，所以当地人管肥皂叫“sapo”，后来演变成了肥皂的英文名“soap”。

第二个版本的故事听起来很有文化底蕴吧？不过很可惜，这座萨坡山——传说中的“肥皂生产基地”在现实中并不存在。整个故事就是个传说。

## 肥皂的发展

言归正传，第一个故事其实是有依据的。前面说了，科学家已经知道，约 4 800 年前，苏美尔人就已经用上了肥皂。

科学家是怎么知道的呢？

原来，他们发现了一块约 4 800 年前苏美尔人留下的泥板。这块泥板是用黏土做成的，很结实，所以能保存到今天。

这块泥板上刻着文字，上面写的内容就是怎么制造肥皂：用动物的脂肪加上草木灰，然后按照一定的比例混合起来，一起煮。

草木灰和油脂这两样东西单独蹭到衣服上，都只会弄脏衣服，但是，有人却想到把它们混合在一起，发明出了完全不同的第三样东西，就是肥皂。

肥皂既能溶于水又能溶于油，其实是因为肥皂既有亲水的成分，又有亲油的成分。草木灰和油脂发生化学反应，形成的脂肪酸盐一端是亲水的，另一端却是亲油的，这样它就能发挥清洁的作用，把油从衣服上“拽”下来了。

把两样东西混合到一起来发明新东西，这确实是过去发明家常用的做法。这种做法有可能发挥出“1+1>2”的效果。这是个有趣的思路。

肥皂被发明出来之后，经历了几次比较重大的改进。

在一次改进中，人们让肥皂变硬了。最早的肥皂很软，就像一团湿乎乎的泥巴一样。为了好用、好运输，人们又继续试验，结果发现，只要加适量的盐就能让肥皂变硬。

不过，人们又遇到了新的问题：肥皂太贵。

你可能在电视上看到过，以前平民百姓洗衣服时，会在河边拿着木棒拍打衣服或将衣服放在石头上摔打，这是通过震动把油脂从衣服上震出去。为什么他们不用肥皂呢？因为用不起。

在古代，动物脂肪不便宜，连做肥皂用的灰也得烧 10 千克柴才能得到约 500 克，所以，肥皂一度是贵族专用的东西。直到 100 多年前，新技术出现了，肥皂的原料才便宜下来。一方面，人们能更高效地从植物里提取植物油了；另一方面，人们发明了制碱法，这个“碱”能替代草木灰。

这样，肥皂的原料就变得很便宜，肥皂这项发明终于真正普及开来了。

后来，人们基于肥皂的工作原理，又开发出了洗衣粉、洗衣液，还在这些清洁剂里加入了新的成分，让洗衣粉有更强的去污能力，让一些洗衣液有抑菌能力。这些改进虽然没有“从无到有”发明出肥皂那么伟大，但也达到了“1+1>2”的效果。

我们今天的清洁剂，跟苏美尔人的软肥皂比起来，那真是好用太多了。

# 冲水马桶——拯救世界的发明

对某些野生动物来说，如果它们不藏好粪便，粪便的味道就会暴露它们的行踪，把天敌给招来，这是非常危险的。

如果你养过猫，可能就会注意过它大便之后会蹬腿，像模像样地把自己的粪便埋起来。这是猫从野生祖先那里继承来的习性。

有些动物还会把自己的粪便吃下去，这样一来，它们的行踪就更不容易被其他动物发现。另外，粪便本身含有一些营养物质，可以被再次利用。

不过，也有一些并不掩埋自己粪便的动物，比如黑猩猩，它们一般直接排到树下。它们生活在丛林里，丛林里有很多微生物以及昆虫等小动物，它们会把黑猩猩的粪便吃掉。

对人类来说，如何合理、高效地处理粪便是特别重要的问题，粪便如果处理不好就会污染环境、带来疾病。在很久很久以前，人们对待粪便的方式和黑猩猩差不多。后来，人们处理粪便的方式有点像猫，也是挖坑来填埋。一个坑满了，就填平再挖一个新的，最后，每家门口都有很多这样的坑。

那没有新的地方挖坑怎么办呢？不用担心，因为那个时候的人们经常搬家，不会在一个地方住很久。那时还是原始社会，人们是通过狩猎和采集获取食物的，所以在一个地方最多住上几个月，把那里能摘的果子摘光了，能捕的动物也都捕光了，当这个地方的食物不多的时候，他们就会收拾东西，搬到下一个地方去。搬家之后，自然就有新的地方挖粪坑了。

## 农业社会怎么处理大小便

随着时间推移，人类进入了农业社会，就不怎么搬家了。人们要是居住在一个地方，可能一住就是几年甚至几十年，在门口挖粪坑这一招就不好用了。这个时候，收集大小便的人就出现了。

粪便是很好的肥料，所以，在农业社会，人们会收集粪便，甚至有人专门花钱买粪便，就是为了给农作物施肥。

除了粪便，尿液也有人收集。在古罗马，收集起来的尿液可以卖给羊毛商人，有人就专门做这个生意。

羊毛商人买尿液干什么呢？原来，那时候肥皂还没有普及，羊毛织物上有很多油，用水是很难洗干净的，这时候，羊毛商人就会把羊毛织物泡到存放了很久的尿液里。尿液经过长期存放之后会产生一种特殊的成分，这种成分可以帮助去污，还能让羊毛的颜色变得更鲜亮。

猪厕的陶制模型（汉代）

差不多在同一时期，还有人利用吃粪便的动物来处理人的粪便。比如，中国汉代有一种猪厕，人们把厕所建在猪圈的上面，人排掉了粪便，猪就顺便吃掉了。

在农业社会时期，虽然人们不怎么搬家，粪便容易堆积，但人们总有办法把堆积的粪便消耗掉，粪便并不会越积越多。

## 城市化带来的粪便问题

当城市出现之后，情况就不一样了。同样大小的一块地方，城市里的人比农村里的人多太多了。人们聚集到一起，粪便积累的速度远远超过消耗的速度，问题就出现了。

你可能会想：那就让河水把粪便冲走吧！这个想法其实有一定道理。河水有一定的自清洁能力，如果扔进河里的脏东西比较少，河里的鱼、微生物就可以帮忙吃掉一些，河水流过几十千米之后，可能又变成干净、清澈的了。

但是河流的自清洁能力是有限的，如果几百万人一起往河里扔脏东西，那河水流过几十千米之后还是很脏的，这样的河水就完全不能喝了。

如果把病人的粪便扔到河里，粪便堆积起来，里面的病菌可能会污染河水，其他人喝了不干净的河水之后就可能患病。

现在的印度就有这个问题。印度的主要河流之一是恒河，对印度人民来说，恒河是母亲河，在他们心里的地位相当于长江、黄河在我们心里的地位。但是，这条河却成了全世界最脏的河之一。

为什么呢？因为恒河沿岸住了几亿人，人们除了往里扔生活垃圾、粪便，还会排放工业废水，这远远超过了恒河的自清洁能力，所以恒河水就脏得不行。

让我们回到古代，想一想，如果要让城市里的居民喝上干净的水，该怎么办呢？要解决这个问题，就得想办法把脏东西倒到远离城市的地方，比如，绕过整个城市直接倒到河流的下游，这样才能保证住在河边的人喝上干净的水。那怎么绕过城市呢？让所有人都端着盆出城，走几十千米到下游倒粪便吗？这显然是不可能的。

于是，人们就开始修建排水系统了。

## 排水系统出现了

排水系统会穿过整个城市，直接把脏东西排到城外的河道，这就能保证人们平时取用的河水是干净的。

考古学家发现，这样的排水系统早在约 4 000 年前就出现了，那是在印度河流域的哈拉帕城。这座城里当时居住了大约 4 万人，人们在地表修建了一些沟渠，沟渠的一头连着家里的厕所，另一头一直延伸出城。在家里大小便之后，人们就用水冲厕所，大小便被冲到沟渠中。像这样的排水系统在古印度曾经被广泛采用。

约 2 500 年前，古罗马也出现了排水系统。约公元前 3 世纪，这个排水系统已经被完全掩埋在地下，并与公共厕所相连，其中有的下水道特别宽，简直就像隧道一样，能容纳两辆摩托车并排行驶。直到今天，罗马城还在使用这个地下排水系统。

看到这里，你可能有点疑惑：本文的主角不是冲水马桶吗，怎么一直在讲排水系统呢？别着急，冲水马桶没有排水系统怎么冲水呢？必须先修好排水的管道，冲水马桶的存在才有意义。

## 冲水马桶的优势

古罗马公共厕所遗址

2 000 多年前，在古罗马出现了公共厕所。

这个公共厕所大概有我们现在的两个教室那么大，沿着四面墙的墙边安了一排石凳子，有七八十个。每个凳子上面有一个圆洞，这就是古罗马人的马桶。

公共厕所下面连着古罗马人的排水系统，底下的排水沟距离上面的洞口大概有 4 米，非常深，所以大便掉下去之后是不会把水溅出来的。

就当时而言，在公共厕所中使用这种马桶比使用蹲坑更加干净。

为什么这么说呢？在大便的时候，如果用的是马桶，人坐在马桶上，就会把马桶口堵上。这时候，粪便就只能往洞里掉。而如果用的是蹲坑，人蹲着的时候，如果不太注意，有可能把粪便排到蹲坑的外面，就把周围弄脏了。所以，古罗马人的这个设计还真是很明智。

通过发明排水管道，人们解决了只能把粪便留在城市中的问题；而在排水管道上面再加一个坐式的马桶，人们就能干净、卫生地处理掉粪便了。

冲水马桶和排水管道解决了城市粪便堆积的问题，减少了污染和疾病，甚至可以说，冲水马桶救了很多人一命。

## 发明还在继续

不过，排水沟会散发臭味，怎么办呢？

最简单的方法是，人们可以在马桶上加个盖子，这样就能防止臭味从排水沟里散发出

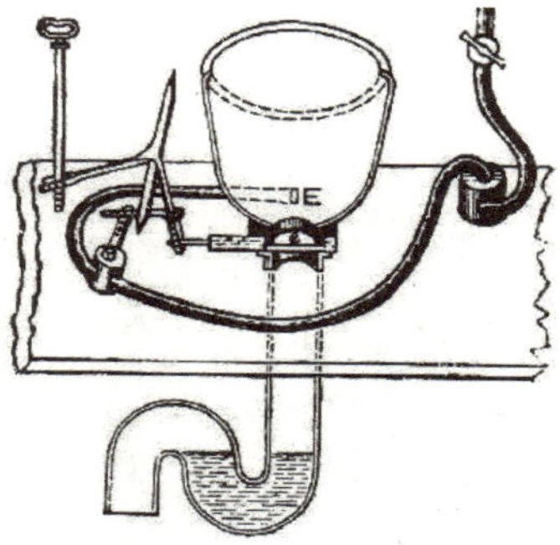


亚历山大·卡明斯将马桶下方的管道设计成S形，并于1775年获得专利

发明家亚历山大·卡明斯

来了。不过这个方法还是不够巧妙，毕竟你要上厕所的时候还得把盖子掀起来。

所以，发明家们又想：有没有可能让臭气自己停留在排水管道里呢？

还真有办法。原来的排水管道是直的，上下的空气可以直接流通，哪怕排水沟挖得很深，臭气还是能冒出来。近代的发明家就在排水管道中设置了S形存水弯，每次冲马桶后存水弯内会留存少量水，相当于把管道封闭了，所以臭气冒不出来。但这种设计也不是完美的，当水流速度较快或冲水量较大时，管道内会出现一种称为“虹吸效应”的现象，这种现象只要出现，存水弯内的水就会所剩无几，臭气就会冒出来。

后来，发明家们想到了办法，就是在存水弯后再设置一个阀门，这样在管道内压力出现异常的时候，空气可以进来，虹吸效应就可以完全避免了。于是，存水弯内总是会留存一部分水，这样就可以封住臭气了。

今天，发明家们还在继续研究马桶，继续改进，让我们每一个普通人都能用上干干净净的冲水马桶，这可是过去连国王都享受不到的待遇。

# 狗——狼和狗的距离有多远

狗是最早被人类驯化的动物，它早在约 1.6 万年前就与人类相伴。农业社会出现的时间距离今天差不多 1 万年，也就是说，狗出现的时间比农业社会还要早。

狗的祖先是狼，这个说法得到了许多人的支持。不过也有人认为，狗的祖先不止一个，它的祖先散落在世界各地，除了狼，还可能有狐狸。

## 狼被驯化成狗

那么，狼这种野生动物是怎么成为原始人的伙伴，最终被驯化成狗的呢？让我们穿越回 1.6 万年前，来还原一下当时可能发生的事情吧！

现在，我们加入了一个原始人的部落。这个部落的人正在跟踪一头落单的野牛，已经跟踪了十几天。这天下午，决战的时刻终于到了。这头野牛非常凶猛，它的牛角比成年人的胳膊还要粗、还要长。

这些天，我们一直在搞疲劳战术，野牛连一个整觉都没睡过，甚至连饭都没怎么吃过。现在，我们 50 个人把野牛围了起来，野牛的背上已经被我们插了好几根长矛，它失血过多，已经精疲力竭了，最后终于倒在地上。这次狩猎收获巨大，我们每个人都分到了几千克牛肉，高高兴兴地回部落开庆功宴。

当天晚上，大家围着篝火饱饱地吃了一顿肉。野牛的骨头被扔在地上，堆得很高。夜深了，狼来了。狼一般是不敢接近人群的，因为人多力量大，我们连野牛、猛犸象都可以猎杀，猎杀狼自然不在话下。但这些狼实在太饿了，它们被野牛骨头的味道吸引了过来。

虽然野牛的肉已经没有了，但狼的咬合能力很强，它们可以把骨头嚼碎咽下去。最终，饿得发慌的狼群壮着胆子在篝火堆旁啃起了骨头，骨头被咬得嘎嘣嘎嘣响，自然就惊动了守夜人。在大半夜，我们听见了守夜人的呼救声，瞬间，部落里的十几个壮汉拿着火把和武器冲了出来。

狼群受到了惊吓，一哄而散，有几只“涉世未深”的小狼崽掉了队，被留在了野牛骨头堆里。小狼崽毛茸茸、大眼睛，倒是蛮可爱的，于是大家心一软，就决定留下它们养起来。

狼是一种群居动物，它们的群体内部是分等级的，低等级的个体自然而然地会顺从高等级的个体。比如，狼群捉到猎物了，低等级的狼不能马上吃，得排队，比它等级高的狼全都吃饱了之后，才能轮到它吃。如果它敢越级先吃，马上就会遭到群殴。狼群里地位最高的是头狼，其他狼都要听它的。

被原始人部落收养之后，这几只小狼崽就把人类当成了它们心目中的头狼。稍微长大一点之后，小狼还帮着原始人守夜，它们会“嗷嗷”地报警，有的时候甚至会冲出去把埋伏的猛兽赶走。

不过，等到小狼完全长大，变成大狼，它们就不那么听话了。大狼经常挑衅主人，会向主人亮出锋利的牙齿，甚至咬上一口。对狼来说，这种行为是很正常的，低等级的狼就是靠这样的挑衅，一点一点往上爬的。但是在狼群里，要提升等级是很困难的，它们试图挑战高等级的狼时，如果实力不济，肯定会换来一顿暴打。被打败了，低等级的狼就只能继续老老实实地当跟班。

格陵兰犬是世界上最古老的犬种之一，与早已灭绝的、生活在更新世的泰米尔狼有一定的亲缘关系

而跟人类一起生活的这些狼，挑衅人类就比较容易成功。虽然一群原始人可以打败一群狼，但是如果一对一单挑的话，人可能会落败，尤其是部落里还有小孩子，他们很容易受到狼的攻击。攻击人类小孩的狼会被立刻杀掉，而其他几只狼虽然没有那么过分，但也不再听人的指挥，不再帮忙守夜了。

之前，人们是看小狼可爱，或者是看它们能帮上忙，才让它们留在身边的。现在，它们不光帮不上忙，还会捣乱，部落里自然就容不下它们了。于是，人们赶走了自己养大的狼，这批狼的驯化算是失败了。

但是，故事到这里还没有结束。这些被人养

过的狼已经习惯跟人一起生活，虽然被部落赶走了，但它们还会选择待在离人类不远的地方，捡人类吃剩的东西吃。跟完全野生的狼比起来，这些狼不怎么怕人，住得也离人更近，繁殖出的小狼也会效仿它们的举动，保留了一点亲近人的习性。

而且，习惯了捡剩饭吃之后，这些狼猎杀其他动物的次数也没有自己的祖先那么多了，它们的孩子可能会更亲近人，这么一代一代下来，这些特殊的狼的攻击性就没有森林里的狼那么强了。

很久之后，这些特殊的狼生的小狼可能又有机会被人捡走，跟以前一样，因为它们长相可爱，人们不忍心下杀手。这些狼的攻击性不强，被人养大了之后，也不会总是挑衅人，而且它们比较听话，还能给人帮忙，于是就能留在人类的身边了。

到这里，狗就出现了。

## 狐狸被驯化成“狗”

狐狸被驯化成“狗”的过程经历了多少代呢？苏联科学家曾做过一个实验，他们用野生狐狸模拟狼，看把它们驯化成“狗”需要多久。实验是从 1959 年开始的，当年有 130 只银狐被带进实验室，它们每天和人类频繁接触，科学家还特意为它们设计了各种训练内容，让它们更信任人。

之后，科学家会把在训练中表现得比较亲近人、比较温顺的银狐挑出来，让这部分银狐继续繁育下一代。然后，对它们的孩子，科学家也会继续做同样的训练，再从第二代里挑选亲近人的、温顺的银狐，就这样一代一代筛选下去。

遗传学家柳德米拉·特鲁特与一只驯养的银狐。她是苏联遗传学家德米特里·别利亚耶夫驯化银狐计划中的一员

在经过 35 代之后，银狐的行为已经和野生狐狸完全不一样了。狐狸原本是非常谨慎、很怕人的动物，但现在这些银狐见到科学家的时候会高兴地摇尾巴，会主动去舔人的脸，还会装可怜、

撒娇——这完全就是狗的行为。

35 代听起来很久，其实在实验室里，这个过程不过短短 40 年的时间。现实中，狼的驯化过程差不多也是这样的，顶多时间更久一点。

## 幼态持续

选择符合我们需要的特征，不断地强化这个特征，这是狗的驯化过程所体现出来的改良思路。在成为人类的伙伴之后，狗的驯化还在继续。结果，狗的身上出现了一种“幼态持续”的现象。

什么是“幼态持续”呢？这是指幼年特征一直保持到成年。前面提到，原始人收留小狼是因为它们可爱。哺乳动物小的时候，一般都长得比较萌，有着圆圆的脸、大眼睛，声音清脆。随着它逐渐长大，叫声变粗了，脸上也有了棱角，就没有小时候那么可爱了。而人类喜欢看起来显幼态的动物，于是，那些长大后还比较可爱的狼或狗就受到了原始人的优待，可爱这个特征就被一代一代地强化了出来。

现在，狗长大以后还会保持小狼的一些特征，比如外貌不那么凶狠，尾巴总是晃来晃去的，表现得很依赖主人。这些改变削弱了狗独立生存的能力，但不要紧，因为人会照顾它们。

与此同时，狗擅长看守领地、预警、捕猎，人们所需要的这些行为特征也被保留了下来。于是，狗因为能提升人类的生活质量，成了人类的伙伴。

1897年的一幅插画，表现了当时欧洲的一些犬种

虽然最早的狗在约 1.6 万年前就出现了，但科学家们已经发现，今天世界上所有的狗，都是约 7 000 年前某个特殊品种的狗的后代。因为这个特殊品种的狗出现了一个更适合陪伴人类的特征：它可以消化淀粉。淀粉是米饭、面条这些食物的主要成分。

开头我们说了，农业社会大约在 1 万年前出现，之后人类的主要食物变成了稻米、小麦等，剩饭里开始出现很多淀粉类的食物。跟原先只能吃肉的狗比起来，能够消化淀粉的特殊品种的狗就很有优势，所以最终只有它们的后代存活到了今天。

## 创意延展

### 如何与狗相处

我们已经知道了狗是怎么出现的，下面就教你如何跟狗相处。原则上，你需要成为它心中的那个头领，因为狗只愿意听头领的吩咐。这倒不是让你恐吓你的狗，而是要模仿狼群里的等级制，让它成为家里等级最低的那一个。

比如，吃饭的时候，人先吃完它才能吃；出门的时候，你走在前面，由你决定往哪个方向走；家人常坐的位置，狗如果想坐也得经过你的允许。狗需要生活在一个有等级秩序的家庭里，需要你在一切事情上引导它、吩咐它，这样其实能让它更有安全感、依附感。

# 猫——敌人的敌人，我们做朋友吧

狗是被人类“发明”出来的，那么猫是不是也是被“发明”出来的？没错！某种野生动物被人类饲养，经过人类选择，慢慢变得跟自己的野生祖先很不一样，这时候，一种新的动物就被“发明”了出来。这个过程有个专业术语，叫作驯化。下面就讲讲猫的驯化。

你可能见过各种各样的猫，有的脸很扁，有的耳朵特别长，有的身上光溜溜的，没有一根毛，总之都很不一样。那么，这些猫的祖先应该也不一样吧！人们曾经确实是这么认为的。

## 猫的 DNA

为了弄清楚家猫的起源，科学家做了一项工程量巨大的工作。他们从 2000 年开始，花了几年的时间，收集世界各地野猫和家猫的 DNA 样本，一共收集了将近 1 000 组。

DNA 记录着生物的遗传信息。通过分析 DNA，科学家就能弄清楚生物之间的亲缘关系。如果同一个物种一路演化出了两个分支，那么，这两个分支的亲缘关系越近，它们的 DNA 就越相似；而 DNA 差距越大，就说明这两个分支的亲缘关系越远，它们的祖先分开得越早。

经过 7 年的工作，分析结果出来了。科学家发现，全世界的野猫包括 5 个分支，其中有一个分支叫非洲野猫，家猫的 DNA 跟非洲野猫非常接近，差距小到甚至不足以让家猫单独成为一个分支。所以，科学家确定，今天全世界所有的家猫都是非洲野猫的后代。

# 家猫的出现

法国猫科公园的一只非洲野猫

分析结果也意味着，家猫出现的时间还很短，短到不足以让家猫和非洲野猫分家。科学家断言，从家猫出现到现在，恐怕还没超过 3 000 代。不过，科学家也遇到了个难题：光看 DNA，没法儿看出家猫是什么时候出现的。

怎么办呢？科学家需要寻找其他证据，比如考古证据。

2004 年，法国国家自然历史博物馆的科学家发现了一座古墓。那座古墓是一个洞穴，位于一座孤岛上。这座岛位于土耳其附近，名叫塞浦路斯岛。塞浦路斯岛虽然是海里的一座孤岛，但是从 1 万年前开始，这里就一直有人居住。

塞浦路斯岛上的这座古墓里安葬着一个成年人和一只小猫，小猫还不到 1 岁。他们生活的年代距离今天大约有 9 500 年。这只猫的头摆放的方位和墓主人是一样的。这个发现证明：至少在约 9 500 年前，家猫就已经被“发明”出来了。

凭什么这么肯定呢？因为，塞浦路斯岛上是没有野猫的，这里离最近的海岸也有约 100 千米。现在科学家在墓穴里发现了一只小猫的遗骨，小猫又不可能自己游到这座岛上，那就说明它一定是被人从别的地方带过来的。

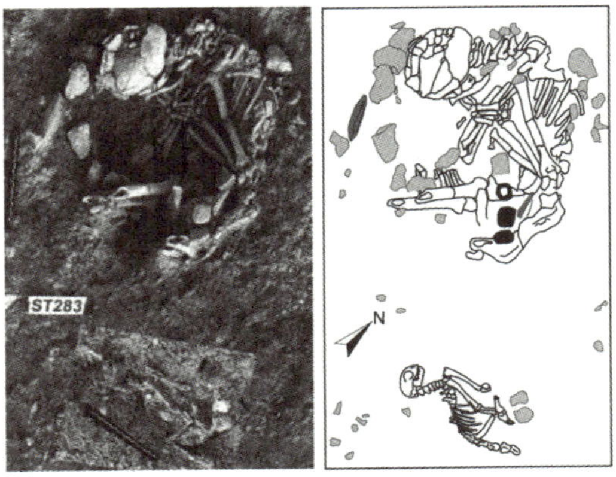


塞浦路斯岛古墓里的遗骨（上面的遗骨是人的，下面的遗骨是猫的）

一个人能跨海把猫带过来，他去世后还要和猫葬在一起，那这只猫对他来说肯定很特别，大概率是他亲密的宠物。这就足以说明，在约 9 500 年前，人跟猫已经结成了特殊的关系，换句话来说，猫已经成了人类的伙伴。

除了这个证据，考古学家还发现了其他证据，比如，在目前已知最早的谷仓遗迹里发现了小型啮齿动物的骨头。啮齿动物包含鼠类，谷仓是储存粮食的地方，老鼠就喜欢偷吃粮食。

在更早以前，原始人过着狩猎、采集的生活，还不需要谷仓。到了大约 1 万年前，人们在一个地方安定下来，开始种植粮食，而且粮食还有了富余，这时候，最早的谷仓就出现了，谷仓吸引了老鼠，而老鼠又引来了猫。

非洲野猫是鼠类的天敌，对它来说，谷仓成了它稳定的食物来源，所以非洲野猫也把家安在谷仓的附近。慢慢地，猫和人类就成了好伙伴，像狗一样也被人驯化了。

## 生态位

有人可能会问，为什么是非洲野猫，而不是其他动物跟人类成为好伙伴，一起对付老鼠呢？

这里就涉及一个概念，叫作生态位。这是在高中生物课上才会学到的概念，这里先简单地解释一下。每种动物之所以能在地球上生活，是因为正好有足够的资源来支持它的生存，这些资源跟它自身的条件（比如体重、身长、爪子的锋利度等）能够匹配起来。它由此获得的生存机会，就叫作生态位。

1 万年前的谷仓为老鼠提供了生存机会。毫不夸张地说，当时老鼠已经吃掉了人类有史以来粮食总产量的十分之一，所以，人类把老鼠视为大敌。而非洲野猫是吃老鼠的，敌人的敌人自然可以做朋友，所以，人们欢迎猫来做邻居。

更关键的是，非洲野猫恰好适合这个生态位。它的体形不大，而且喜欢独自活动，这就太合适了。

在加拿大北部，人们跟北极熊生活的范围会重叠，北极熊会翻人的垃圾箱找剩饭剩菜吃。但是，当地人一点儿都不想跟北极熊做邻居，因为北极熊实在太大了，它不光吃老鼠，看起来还很可能会吃人。而非洲野猫这样的小个子就没有那么大威慑力，它身材娇小，总是自己活动，没法儿搞大破坏，甚至连孩子都不会怕猫。

所以，人们发现非洲野猫来谷仓里抓老鼠的时候，自然是高兴还来不及呢，他们非但不会介意跟非洲野猫做邻居，有时候甚至会留一些好吃的给它们，或者帮它们搭一个舒服的窝。而这些猫中更亲近人的那些，就更容易在人类周围生活下来。

慢慢地，非洲野猫就在人类村落附近找到了适合自己的生态位，它们既能在这里得到足够多的好处，又不会被人类集中猎杀，同时，它们还能帮助人类消灭老鼠这个敌人。于是，这一些非洲野猫就占得了先机。

虽然叫非洲野猫，但它们生活的地方其实是西亚、北非等地。这一大片地区又正好是人类早期农业起步的地方之一。之后，这里的人把农业带到了其他一些地方，也带去了习惯跟人类一起生活的非洲野猫。

到了新地方之后，当地有别的动物，它们可能也是老鼠的天敌。但是，因为非洲野猫已经抢先一步成了人类的伙伴，已经占好了这个生态位，其他能力差不多的动物再想挤进来，此时已经没有它们的机会了，所以，我们今天见到的家猫，都是那一些非洲野猫的后代。

这就是家猫被“发明”出来的过程，在这个过程里人类没有主动去做太多选择，只是人的天性就是趋利避害，会倾向于做对自己有利的事情，于是就自然而然地筛选出了家猫。

创意延展

## 如何与猫相处

你已经知道了猫的驯化史，下面就教你如何跟猫相处。

首先，要记得家猫是非洲野猫的后代，它们是一种喜欢独自活动的、领地意识很强的小型食肉动物，所以，要给猫留足空间，让它们能掌控自己的领地。

其次，你还需要知道，原则上，猫是不在乎人类陪不陪它们的。因为对最早的家猫来说，它们在意的只是谷仓里的老鼠，它们只是为了共同的敌人而接近人类的。所以，你可以跟猫当好朋友、好邻居，但不要期待你能成为猫的主人，像使唤狗那样使唤猫，这是不可能的。

跟猫保持距离，给它们足够的空间和尊重，你就会成为被猫承认的好邻居。

# 电池——用“魔法瓶子”把电装起来

电池能够把“电”这种能量存储起来，然后在需要的时候，再以电流的方式释放出去。如果能量的来源不同，用到的技术就会不一样，反映到电池的名字上，就有了碱性电池、锂电池、核电池、太阳能电池等不同的名字。

## “魔法瓶子”和魔法秀

最早储存电能的容器叫作莱顿瓶（因为是在莱顿这座城市发明的）。1746 年，荷兰莱顿大学的教授穆森布罗克在做电学实验时，无意中发明了莱顿瓶。

莱顿瓶储存的能量叫作静电。静电你肯定不陌生，秋冬季节，有时候你碰一下旁边的人，或者碰一下门把手，会觉得被电到了，这就是静电在捣鬼。如果你用丝绸摩擦一根玻璃棒，你就能自己制造出静电来。用丝绸摩擦玻璃棒之后，玻璃棒就好像变成了魔法棒一样，它带有静电，能吸起一些纸屑。

穆森布罗克所做的，就是把玻璃棒上的这种“魔法能量”导入莱顿瓶里，先存起来，然后从莱顿瓶内外各自引出一根金属丝，当瓶子里的“魔法能量”积累得足够多的时候，他只要让这两根金属丝互相接触，就会“啪”的一声冒出一个明亮的电火花。

以前的人会用莱顿瓶变魔法，比如解剖青蛙之后，把那两根金属丝同时插到死青蛙的腿上，这时候，明明已经死掉的青蛙的腿还会突然抽搐一下，看起来就像青蛙又活了一样。

最厉害的一次魔术表演是法国人诺莱特做的，他让人制造了一个大的莱顿瓶，在里面充满电，然后找来 700 个人，在大广场上手牵手排成一条长队，让队首的人握住莱顿瓶的一根金属丝。就在莱顿瓶放电的那一刻，这 700 个人同时被电得跳了起来。法国国王路易十五看了这个魔术后，不由得哈哈大笑。

诺莱特的魔术

难道莱顿瓶真的是个魔法瓶子吗？当然不是，这个瓶子存储的不是魔法，而是电荷。科学家用莱顿瓶收集了各种不同来源的电，比如电闪雷鸣时的闪电、电鳗之类的动物放出的电、摩擦玻璃棒产生的静电，然后用它们去做同样的实验，看看它们的作用是不是一样的。最后科学家终于弄明白：在这些实验中，一共存在两种电荷，一种叫正电荷，一种叫负电荷。电荷的流动就产生了电流。

## 伏打电堆

不过，用莱顿瓶收集的电荷都是在一刹那间就被放光了，能不能让它放得慢一点呢？科学家研究了很长时间，到 1800 年的时候，一位意大利科学家宣布发明出了伏打电堆。

这位科学家叫亚历山德罗 · 伏打，他做了各种各样的实验。有一次，他把两片不一样的金属分别放到了自己舌头的上、下侧，舌头很敏感，一放好，他就觉得舌头微麻，这种感觉跟摸到充满电的莱顿瓶有点像。但不一样的是，这种微麻的感觉是会持续的，看起来，伏打好像发现了一种持续释放电荷的方法。

伏打电堆——最早的电池

为了加强效果，他又继续实验。当然，他没有再往嘴

1801年，亚历山德罗·伏打在巴黎向拿破仑展示伏打电堆

里放东西，而是剪了一块纸板，用盐水打湿，用来代替舌头。然后他用两片不一样的金属夹住这块湿纸板，并做了很多组这样的金属片和湿纸板，然后把它们摞起来。堆了十几层之后，伏打再用手去摸上下两层的金属时，这个刺激就很大了，而且电流可以一直持续。

这个装置就是最初的电池。因为堆叠的层数很多，所以叫作电堆，全名叫伏打电堆。为什么金属片能够放电呢？这里的关键是要用两种不同的金属片，比如锌和银。

金属浸在盐溶液里，多多少少会溶解一些金属阳离子（金属失去电子会变成金属阳离子），但是不同金属的溶解速度不一样，相应的电子会流动至外部的导线，形成电流。

其实，人和动物身体内的神经也是靠微弱的生物电来传递信号的（是的，神经里也有电流）。如果神经受到外来的电刺激，人就会感到刺痛，电流足够大的话，还会把人电得跳起来。肌肉的收缩也是靠神经里的电信号来控制的，所以，如果用伏打电堆演示前面说到的青蛙魔法，那么也可以让青蛙的腿抽搐起来，而且伏打电堆还可以持续放电。

有了伏打电堆之后，电学革命就开始了。后来每一个重要的电学实验几乎都会用到伏打电堆和它的改进版。

## 电池走入寻常百姓家

不过，伏打电堆终究只是在实验室里用的专业设备，它必须使用盐水等导电液体浸泡的湿纸板，所以无论怎么密封，液体都容易泄漏。又过了约 90 年，科学家发明了干电池，用像玉米糊那样黏的东西来代替盐水。这样一来，电池终于可以走进普通人家了。

最典型的干电池之一是碳性电池，不过这种电池现在很少见了，只有那种几块钱的玩具里可能配有碳性电池。之所以叫碳性电池，是因为插在电池中间的那根棒子是用碳做的，碳棒周围填充了二氧化锰粉末，二者一起组成了电池的正极，在电池最外面裹着一层用锌制成的外壳，这是电池的负极。

这种碳性电池里的二氧化锰粉末纯度很低，能提供的电流很小。而且，纯度很低的二氧化锰粉末里还含有很多重金属，直接扔掉碳性电池会污染土壤和水源。所以，在过去，环保宣传标语总会强调干电池要单独回收，甚至今天我们偶尔还能看到回收这类电池的回收箱。

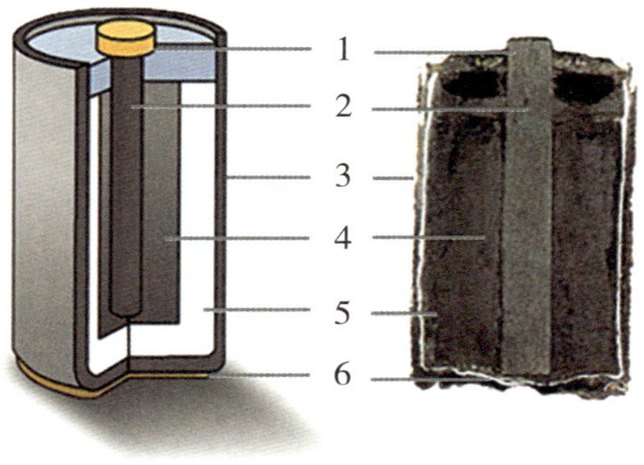


碳性电池的结构

1是金属帽，2是碳棒（正极），3是锌外壳（负极），4是二氧化锰粉末（正极），5是由氯化铵、淀粉组成的糊状混合物（电解质），6是金属末端

如今，我们使用的干电池主要是碱性电池，在制造它的时候，那些有害的重金属杂质就已经被清除了。所以，我们现在使用的碱性电池用完之后可以像正常垃圾一样扔掉，不用单独回收。如果有人说碱性电池不回收会造成重金属污染，那就是不对的。

## 充电电池出现了

干电池里的电能用完了就没电了，只能扔掉。差不多在干电池被发明出来的时代，人们发现，有些材料是能充电的，只要施加电压就能充电。早期人们做出来的可充电电池叫“铅酸蓄电池”，它是用铅和硫酸做出来的。又过了约 30 年，爱迪生发明出了另外一种可充

1859年，加斯顿·普朗忒发明了铅酸蓄电池

电电池，它含有金属镍，叫作含镍电池。直到今天，人们还在很多场合下使用铅酸蓄电池和含镍电池。

正是因为这类可充电电池历史悠久，所以今天人们在用可充电电池的时候还总想着遵循以前的做法。比如，新手机买回来之后要先进行三次深度充放电，就是把电彻底用光再充满，这样重复三次，因为据说这样做可以延长电池的寿命。其实，这已经没必要了。

以前的可充电电池确实需要深充深放，因为它有比较强的记忆效应，如果长期不彻底放空电再去充满，那电池的容量就会下降。所以，在 20 年前，有关人士会建议人们每一次使用可充电电池，都应该尽量把电池用到没电，然后再充满。但是，这条建议放在 2010 年之后就不适用了。

为什么呢？因为今天我们使用的可充电电池绝大多数是锂离子电池，手机、笔记本计算机、平板计算机、无线耳机里用的都是它。这种锂离子电池是 1991 年被发明出来的，问世并不久。2019 年的时候，它的发明人还因此获得了诺贝尔化学奖，其中一位发明人在获奖的时候已经 97 岁了，是诺贝尔奖历史上年纪最大的获奖者。

相比前面提到过的所有电池，锂离子电池的能量密度是最高的。比如，同样是 200 克的电池，锂离子电池里包含的电能最多。所以，它可以做得很小，而且组合在一起的时候能放出很多的电能。比如，一辆汽车可以装进去约 8 000 个拇指那么大的锂离子电池，它们提供的电能能让汽车行驶约 500 千米，特斯拉电动车就是采用了这样的设计思路。

锂离子电池是今天最常使用的电池，那么使用锂离子电池的时候有什么需要注意的事项吗？简单来说，除说明书上提到的注意事项外是没有的。

锂离子电池并不适合长期满电存放，也就是说充电的时候最好不要充满。那么，难道我们每次充电充到 80% 就停下来吗？其实不用，因为锂离子电池非常精密，它的内部有一张控制板，工程师在设计电池的时候，就已经把使用的时候要注意的事项都想到了，让控制板监测、调节电压和温度等参数，帮助确保充放电过程的安全，所以，我们平常用锂离子电池的时候就基本不用操心什么了。

在发明史上，电池的发明意义重大，它让我们能够操控一种“魔法能量”，有了它，今天我们才能用上平板计算机、手机之类的设备。当然，要实现充电，光有电池还不够，我们还得有发电机，得能制造电。

# 发电机——我们可以制造电流吗

一提起发电机，很多对科技感兴趣的人立马就会想到一场“大战”，就是“怪才”特斯拉和“发明大王”爱迪生的技术大比拼。这场比拼在整个科技史上都非常有名，但其实，发电机早在这两位大人物出生前的很多年就已经出现了。

在 1831—1832 年，英国科学家迈克尔 · 法拉第发现了电磁感应现象，并发明了发电机；美国科学家约瑟夫 · 亨利独立发现了电磁感应现象；法国发明家波利特 · 皮克西基于

在科罗拉多斯普林斯的实验室里的特斯拉

法拉第的发现发明了交流发电机。

不同的人独立发现了某个现象或独立创造出了某个东西，这件事并不稀奇，这其实是发明史上的一种规律。有的时候，关于这项发明的所有前置条件都已经具备了，那么，这项发明就可以说是呼之欲出了，谁能把它发明出来，那就要看谁手快、谁运气好了。

## 法拉第的童年

在这三位科学家里，重点介绍一下法拉第，因为他可以算是电学领域最重要的人物之一。他除了发明了发电机，还发明了跟发电机工作原理相反的电动机。发电机和电动机合起来，可以说是对今天世界样貌影响最大的一项大发明。

法拉第

法拉第小时候家里条件非常艰苦，他的爸爸是个铁匠，能打铁的时候家里还算有点儿收入，但爸爸的身体很差，生病之后就只能靠妈妈去领救济。救济是什么呢？就是慈善机构给他们家发的面包。法拉第家里有 6 个人，每人每顿就吃一小片面包，日子过得非常辛苦，法拉第当然也不可能去上学了。

14 岁的时候，他就去了一家订书铺打工，这种铺子是负责装订和修补图书的，今天已经消失了。因为那时候的书非常贵，一本书往往要传好几代人，书页掉落的时候人们就去找这种小店铺来修补。法拉第就一边工作，一边看书学习。他当年很喜欢看的是《一千零一夜》《化学漫谈》《大英百科全书》。

除了爱看书，法拉第还爱听科学讲座，只要是面向公众免费开放的讲座，他都去听，而且每次都会做详细的笔记。

# 成为科学家的法拉第

有一次，书店的一位顾客去法拉第工作的订书铺修补书，他看到了法拉第的笔记，被法拉第的好学精神感动了。于是，这个人就给法拉第送了几张演讲的门票。这几次演讲可是要收费的，水平比法拉第以前听的免费演讲高多了。法拉第听完后，不但把笔记整理得非常棒，还把笔记做成了一套精装书的样子，寄给这位演讲者表示感谢。

英国皇家学会的这位演讲者名叫汉弗里·戴维，是个科学家。法拉第跟他说，希望能当他的助手，帮他在实验室里洗洗瓶瓶罐罐。几个月之后，戴维正好缺人手，就同意了。

从那之后，法拉第就成了戴维的学生，他在前面几年学习了大量化学和电学的实验，其中有个实验是用通电导线让小磁针偏转，这个实验证明了电流可以产生磁场。与此同时，法拉第还做了很多通过磁场转换把动能变成电能的实验。他不但把自己和老师的实验记录整理得井井有条，还钻研了当时世界各地其他著名科学家做的电学实验。

汉弗里·戴维

短短几年的时间，法拉第的水平就迅速提高了。结果，这竟然引起了戴维的嫉妒，老师不许他再做电学实验了，还总是刁难他。法拉第出身穷苦，从小就学会了隐忍，所以，他面对老师的打压也忍辱负重坚持了下来，直到戴维去世，法拉第才重新做起了自己最关注的电学实验。

在戴维去世两年后，法拉第通过反复实验，制作出了发电机。而且，他花了整整 10 年的时间，整理了过去 100 年间自己和其他科学家做过的许多电学实验，从中总结出了很多规律，出版了《电学实验研究》这套书。

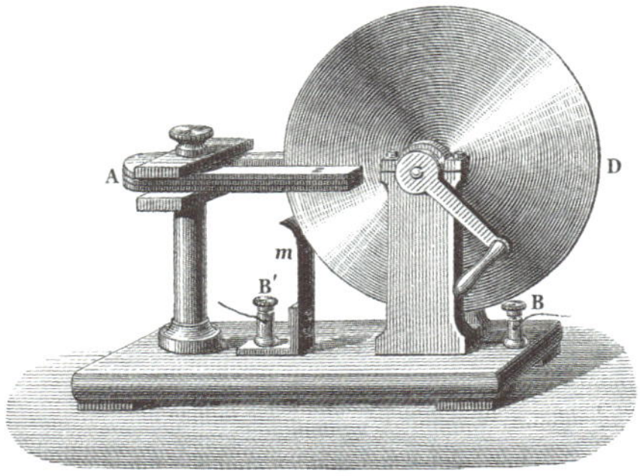


法拉第设计的圆盘式发电机

受这套书的启发，当时世界上的许多物理学家都设计出了发电机和电动机，不过只在实验室里使用它们。科学家用它们来研究电和磁互相转化的规律，还没把发电机当成供电的机器，毕竟

用于展示电磁感应现象的线圈

在那之前电池已经出现了，实验室里一般用电池供电。

其实，发电机的发明可以算是科学探索的副产品。当时，科学家正在探索的是电和磁相互转化的规律，等到规律一弄清楚，发电机就被制造出来了。后来，制作这个副产品的技术变成了一项有投资价值的技术，副产品本身甚至成了改变世界的一大发明。

1866 年，第一台能运用到工程里的发电机出现了，它是西门子公司的创始人做出来的。那么这个时候，我们在开篇说到的技术大比拼的两位主角在干什么呢？爱迪生 3 年后才会获得人生的第一个专利：电子投票计数器。而爱迪生的对手特斯拉才刚刚上中学。

后来，爱迪生和特斯拉分别研制出了直流发电机和交流发电机，从而形成了两大“门派”。后来的“大战”也就是两大“门派”之争。

## 特斯拉“大战”爱迪生

其实特斯拉曾经是爱迪生所创立的公司里的一个工程师。他在法国工作时负责维修、保养发电机和城市照明系统。特斯拉头脑聪明、技术高超，并于 1887 年成立了自己的公司。

在特斯拉成立公司后的第五年，爱迪生和特斯拉的“大战”爆发了。那是在 1892 年，在举办芝加哥世界博览会之前，主办方为会场的照明系统招标，爱迪生的公司最开始给出的报价约为 170 万美元，而持有特斯拉大量专利的西屋电气公司的报价要低很多，只有竞争对手最初报价的四分之一不到。所以，最终拿到芝加哥世界博览会订单的是西屋电气公司。

那为什么西屋电气公司给出的报价要低很多呢？这是因为，西屋电气公司是交流发电机“门派”的，相较于直流电系统，交流发电机的发电成本及输电成本要低很多，所以报

芝加哥世界博览会的夜间灯光秀

价能大幅下降。用上交流发电机之后，世界博览会历史上第一次出现了万灯齐明的景象。之前会场的照明只能靠自然光，这一次几万盏灯一起点亮，可以说是盛况空前，即便在太阳下山后，室内也是亮堂堂的。

对于特斯拉来说，这是一次技术路线比拼的胜利。之后，交流电的优势一下为世人所知。

尼亚加拉瀑布上有座水电站是世界上第一座大型水电站，当时争取发电机安装合同的，又有爱迪生的公司和手握特斯拉众多专利的西屋电气公司。爱迪生对这一项目非常重视，他难得地向特斯拉的交流电方案屈服，在自己的直流电方案的基础上，加了一套交流电方案。很遗憾，因为爱迪生的公司不是很熟悉交流发电机，缺少经验，而直流发电机的报价又太高，所以这次他又错失了一个重要订单。西屋电气公司再一次凭借技术优势打败了爱迪生的公司。

这座水电站修好之后，供电规模比同一时期绝大多数发电站要大几十倍，可以为几十千米之外的城市的照明供电。下游的几个州一看，这可太好了，所以就立法规定，以后供电系统可以采用交流电。自此之后，交流发电机就逐渐普及了。

尼亚加拉瀑布上的水电站

后来，又有很多新型的发电机进入我们的视野，比如利用风能、潮汐能、太阳能、核能等发电的发电机，它们之间的区别就在于输入的能量来源不同。像煤、石油、天然气这些可以用来发电的能源叫作不可再生能源，就是说一旦消耗完，就不要指望几万年内还能有大量补充，相当于是不能够再生的。

所以，从能源安全的角度来看，今后发电机的发展方向应该是尽量多用可再生能源，比如风能、潮汐能、太阳能。这些能源目前具有较大的发展潜力，未来，说不定你也能参与开发。

# 灯泡——发明是一个系统工程

一提起灯泡，大家都会想到爱迪生，他为了找到合适的灯丝，尝试过 1 000 多种材料。但其实，大约在他出生之前 40 年，电灯就已经出现了。

## 戴维发明出最早的电灯

电灯出现于 1802 年，发明人是戴维，也就是法拉第的老师。戴维是个了不起的科学家，也是科学史上发现新元素最多的人。

在电灯出现的前两年，电池才刚刚被发明出来。人们刚拥有能够提供稳定电流的电源，戴维就开发出了电灯，可见他在电学实验方面的效率确实非同一般。

夜间照明这件事，自古以来就是个大问题。室外还好，只要点起火堆、燃起火把，总能解决照明问题。但是在室内，受到的限制就特别多：一来不能有难闻的味道，二来不能有呛人的烟雾，不然家里烟熏火燎的，住起来很难受。

长久以来，为了实现室内照明，人们用得最多的就是蜡烛，但烛光毕竟昏暗，有没有办法制造一个亮堂堂的夜晚呢？

电刚刚被发现后，人们就想用它照明。还记得之前说过的莱顿瓶的故事吗？在两根金属丝接触的一刹那，“啪”的一下就会冒出电火花。

电火花持续的时间虽然很短暂，但它很明亮，即使在夜里也非常明亮，所以，当人们能够持续输出电流，也就是有了电池之后，想到的一个问题就是：能不能造出一个能持续打出电火花的东西？如果有这样的东西，夜晚的照明就不用愁了。

这种电火花其实是电流击穿空气的效果。如果把两根金属丝分开一定的距离，比如 2 毫米，然后在两根金属丝上加上电压，当电压提高到一定程度，在这 2 毫米的间隔里，

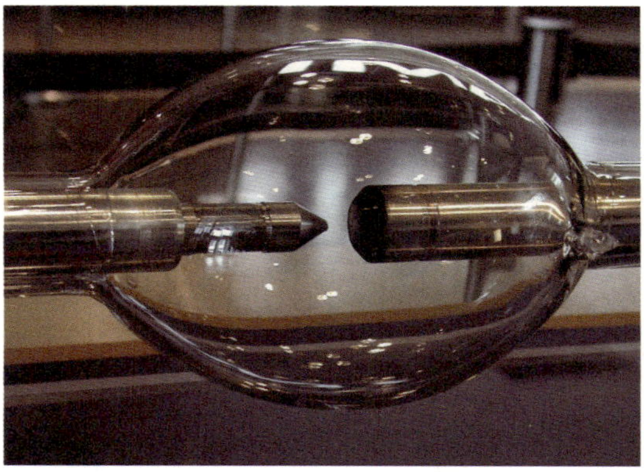

弧光灯的一种

电火花就会划出一道明亮的弧线，就是电弧。

所以，只要能不断地供电，就有可能持续发出电火花。根据这个想法，戴维做出了弧光灯，也叫电弧灯，它发出的是蓝色的电弧光。

不久之后，欧洲一些大城市用上了发电机，伦敦和巴黎的市中心也安上了很多弧光灯。但是，这种灯跟火把一样，只能在户外用，不适合在室内用。

弧光灯很不耐用，电流击穿空气的时候还会发出“噼噼啪啪”的声音，很吵，而且还会产生难闻的味道，所以，弧光灯当然不适合在家里使用了。

怎么办呢？发明家们换用了不少种材料，但结果并没有改善，因为弧光灯这两个劣势都是电流击穿空气后必然产生的结果，而不击穿空气又没办法产生电弧光。

这时候，戴维在尝试的过程中发现，作为电弧引线的金属在通电后会变得很烫，当温度升高一定程度以后，金属丝也会发光。是不是还能通过其他的机制产生光呢？戴维就按这个思路继续研究下去。

经过研究，戴维发现，只要把薄铁片加热到一定温度，铁片就会发出明亮的白光，就不需要靠电流去击穿空气了。

这就是世界上最早的白炽灯。不过，当时这类白炽灯只能亮几分钟，因为温度太高了，铁片在空气里的氧化速度超级快，用不了多久就被烧黑、烧断了。所以，最初的白炽灯用的都是很难氧化的金属，比如铂金，也就是我们通常说的白金。

用铂金做成的白炽灯灯芯能亮几个小时，但这可是贵金属，实验室里偶尔用用还行，要进入老百姓家里当电灯，那老百姓可买不起，这等于是在烧真金白银。用一个白炽灯灯泡的花销比用一整年的蜡烛都贵，还只能用一个晚上，真是用不起。

## 寻找合适的灯芯材料

到这一步，发明家们面对的任务，就是找到合适的灯芯材料，让白炽灯可以尽量长久地工作。

这说起来容易，做起来可困难多了，因为研制出理想的灯泡是一个系统工程，就算发明家找到了合适的材料也不一定能成功。实际上，他们在寻找材料上遇到的问题，最后是通过抽真空解决的。

灯芯为什么会被氧化呢？是因为有氧气。如果能想办法把氧气抽走，灯芯就不那么容易被氧化了。所以，发明家随后研制出的灯泡通常是抽真空的，而且必须是一个圆球，这样才能更均匀地承受外界的大气压。

在减少了氧气的干扰之后，选择材料的余地就很大了。爱迪生为了找到合适的灯丝材料，实验了 1 000 多次。其实，他的这些实验就是在灯泡抽真空的基础上进行的。

后来，公司的一些股东在回忆录里说，其实那 1 000 多种材料根本用不着挨个做实验，完全可以通过科学规律排除一大半。股东指责爱迪生浪费了大量的时间和金钱，说爱迪生独断专行，对科学原理缺乏了解。确实，谁都有不足，但爱迪生还是成功研制出了具有实用价值的灯泡，成功的原因在于他除了极具创新能力，还具有超强的领导力以及说服投资人的能力，这样他才能拿到充足的研究资源。

1879 年，爱迪生第一次召开灯泡产品的发布会，那时候，其他人发明的灯泡顶多只能亮 2 小时，而爱迪生发明的灯泡可以亮 13 小时。不久之后，灯泡的寿命提升到 160 小时。后来，爱迪生提出一个灯泡标准：如果不能亮超过 600 小时，那根本不能算灯泡。这算是给灯泡行业制定了一个标准。

但是，就算一个企业家造出了能点亮 600 小时的灯泡，那也很难卖出去。因为当时人们家里还没有通电，即使有了灯泡也没什么用。所以，爱迪生光给客户提供灯泡还不行，他要负责安装供电设施，铺设电缆，把电输送到人们家里。所以，利用灯泡照明其实是一个系统工程，不是找到好材料、做出了能持久工作的灯泡就够了。

爱迪生研制的灯泡的模型

最初，人们在房屋附近安装发电机，但是发电机工作起来噪声非常大。要解决这个问题，最好就是在城市里铺设电网，找一块空地，单独建一台大发电机，让大发电机给几百户甚至上千户人家提供电力。

前面说过，城市里的发电和输电方式采用的是特

1882年，工人在纽约街头铺设电线

斯拉的交流电方案，虽然爱迪生提出的直流电方案后来逐渐被大家放弃了，但正是他在这个领域的努力带动了很多当时知名的企业家，有了大家的竞争，在城市里铺设电网这件事才能热火朝天地开展起来。

从这以后，白炽灯就开始大量投入生产了。直到 2000 年，白炽灯依然是全世界家用照明的主力。在美国加州的一个消防局里，有一枚从 1901 年就开始投入使用的白炽灯灯泡，到今天已经用了 120 多年。

1 天 24 小时，它几乎从不间断地工作着，只有几次因为停电暂时熄灭过。这枚灯泡用了这么久，从侧面反映了 100 多年前设计的白炽灯已经很完美、很耐用了。

白炽灯需要加热灯芯才能发光，在它消耗掉的能量里，只有 5% ~7% 转换成了光能，而剩下的 90% 多则变成了热能，这实在是很浪费。因此，早在 100 多年前，工程师就在想方设法地提升白炽灯灯泡的发光效率了。

这股研究热潮后来吸引了不少物理学家参与，物理学家关心的问题是：物体的温度和该温度下辐射出的电磁波的波长之间有什么关系？对这个问题的探究，后来催生了一门全新的学科：量子力学。

量子力学已经成为对现代世界影响非常大的一门学科，我们今天使用的发光二极管（LED）、激光技术、液晶显示器，还有科学家正在研究的黑洞内部结构、量子计算机，都和量子力学这门学科的发展息息相关。

## 创意延展

### 爱迪生的厉害之处

爱迪生从小家境贫寒，很早就在外面打拼，艰苦环境下的训练培养出了他跟不同的人打交道的技巧，也让他拥有了突出的领导力。他能够调动和组织其他人，擅长做自我宣传，能够借着公开实验、发布会这样的场合跟投资人联系……在这方面，他远远胜过了同时代只有发明能力的其他发明家。

所以，逆境有可能成为成长的催化剂。我们在遇到困难时，也许可以想一想爱迪生，让自己学会在挫折中锻炼力量。

# 钟表——我们为什么要度量时间

早上 6 点半起床，8 点开始上第一堂课，课间休息 10 分钟……这些说法对时间精度都有一定要求。但是，在过去，普通人对时间的概念比较模糊，一天大致分成上午、下午、晚上这 3 个时间段就够了。因为，那时候没有钟表，还没办法准确地描述时间。

后来，现代化的交通工具出现了，这时候，对时间精度的要求就已经比较高了。比如火车几点几分到站、出发，人们得把时间精确到分钟，要不然大家根本不知道什么时间能赶上火车，那就耽误大事了。

## 古代计时工具

那么，人类是怎么度量时间的呢？最早的计时工具很可能就是人们自己的脉搏和呼吸，但脉搏和呼吸的频率会变，我们可能有过这样的体会：静静坐着的时候脉搏和呼吸的频率都比较慢，走起路来就会快一些，跑步的时候就会变得非常快。所以，靠脉搏和呼吸来计时实在不准。

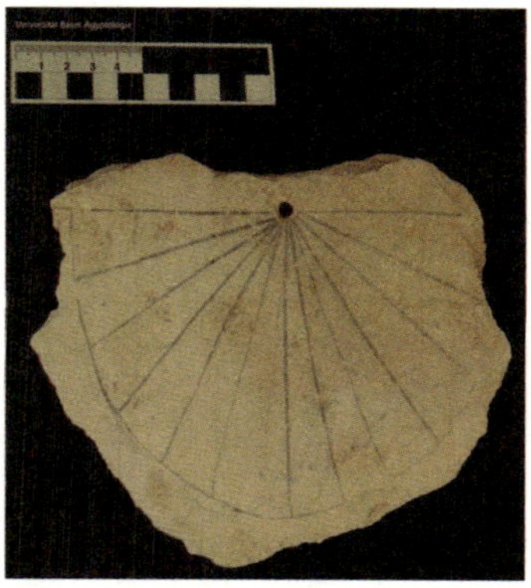

来自埃及帝王谷的古老日晷（约公元前1500年）

后来，大家又研究出一个稍微准一些的计时工具，就是日晷。

“晷”是日影的意思，日晷就是一个很简单的观测日影的仪器。人们在一个盘上竖一根竹竿（或其他材质的竿），当太阳光照射过来的时候，竹竿会在盘上投下一道影子，这道影子的方位和长度会随着季节和时间的变化发生变化，人们总结了这些经验，就能根据影子来判断时间了。

从前形容一个人起床晚，会说“睡到日上三竿”，其实，“日上三竿”这个成语，就是用日晷来计时的例子。

用日晷计时这个方法挺好，只是有个缺陷：一定得有太阳，晚上和阴天就没办法用了。所以人们想出了其他的办法，比如利用沙漏计时。

今天，我们还能见到沙漏。有时候去餐厅吃饭，某家餐厅以上菜快为特色，当你点好菜后，服务员马上就会在桌子上摆一个沙漏开始计时。沙漏便携，也挺好看，而且不受白天黑夜的影响。但是，沙漏也有问题，就是沙子容易受潮，会卡在出口，漏不下去。

德国的半小时沙漏

漏沙子不行的话，那漏水怎么样？用水来计时的装置，我们称之为水钟，均匀流走的水就像均匀流逝的时间，想知道时间过了多久，我们只需要看水面的高度和水漏内部的刻度就能知道了。

不过，用水钟计时有一个前提条件，就是水的流速得一直是均匀的，这可不容易。比如，我们在一个很深的桶里装满水，在桶底打个洞，水从洞里往外流，就能做成一个简易版水钟；但是，水一开始漏得很快，之后随着水面不断降低，水的流速就会逐渐变慢，等到桶里的水快干了的时候，水流就几乎没有了。这样一来，水的流速不均匀，不适合用来计时。

有没有办法改进呢？想让水的流速保持均匀，关键是让水面的高度保持不变。所以，如果我们在这个桶的上面再加一个桶，做成一个两级的水钟，这样一来，下面用来计时的桶虽然底部在漏水，但它同时接着上面的桶漏下来的水，水面高度能保持不变，水漏掉的速度也是均匀的。

当然，上面那个水钟也会把水漏光，所以，如果想要更精确一点，我们可以加更多的水桶，做成 3 级、4 级的水钟，这样，最下层的水桶水面高度就更容易保持不变了。历史上，水钟最多有 5 级，计起时来可以说已经相当准了。

不过，水钟也会遇到问题，它会受到气温的影响，冬天天冷，水如果结冰了，水钟就没办法用了。

博物馆里收藏的铜壶滴漏，它是一个多级水钟

## 钟表的理论基础找到了

有没有不受天气影响的计时工具呢？帮助解决这个难题的人包含伽利略。伽利略是现代物理学的奠基人，他经常去教堂，有一次，正好碰到工人在维修悬挂在教堂顶上的烛台。烛台在半空荡啊荡，他很好奇，想知道这烛台来回荡一次需要多久。

伽利略手边没有钟表，如果想知道烛台荡了多久，应该用什么来计时呢？没错，就是前面说过的脉搏。

伽利略很熟练地用右手按住左手腕部，开始计数，一下，两下……就这样，随着烛台荡来荡去，伽利略发现了一个规律：虽然烛台在摇摆的过程中幅度会逐渐变小，但不论是荡得高还是荡得低，烛台来回荡一次所花的时间总是相同的。

即便是在今天，普通人也很难察觉这个规律，伽利略的观察能力真是了不起。

回家之后，伽利略做了很多实验，比如用一根长长的绳子吊住一个铁块来回摆动。通过测量，他发现了更深入的规律，那就是：物体来回摆动一次所需要的时间和摆动的幅度没有关系，和它的重量也没有关系，只跟绳子的长度有关。

也就是说，只要绳子的长度固定了，绳子吊着的物体来回摆动一次需要的时间就固定了。这个规律有个名字，叫作“摆的等时性原理”，这个规律就是发明摆钟的理论基础。

## 现代钟表的雏形

摆线（即绳子）的长度和摆锤（即物体）的摆动时间之间具体有什么关系，伽利略并没有给出答案。又过了几十年，荷兰物理学家惠更斯列出了计算公式，我们在高中物理课上会学到这个公式，这里就不具体说了。照这个公式来算，如果摆线的长度是 1 米，摆锤来回摆动一次需要的时间就约等于 2 秒。1656 年，惠更斯根据他的计算结果发明了世界上第一台摆钟，这台摆钟计时相当精确，而且不受天气的影响，无论白天黑夜、阴晴雨雪，它都能工作，每天的误差不超过 1 分钟，这在那个时代已经算是重大的突破了。

在实际应用中，要想让摆钟准，摆锤得重一些，而且，摆线得长一些。所以，那个年代的摆钟都非常高，需要一个大大的空间来容纳。那时候，每个镇上的教堂都有一座钟楼，摆钟整点的时候就会报时，整个镇子都能听到。

所以，从 1656 年开始，人们就能够比较细致地安排时间了。比如，大家约时间见面，以前只能说“我们天亮了一起去教堂”，现在就可以说“我们早上 8 点一起去教堂”。

不过，摆钟太大了，普通人没有办法在家里摆放，所以，惠更斯又发明了摆钟的缩小版，个头只有钟楼里大摆钟的几十分之一，可以立在家里。

家里的房子不够高，怎么才能让摆线有足够的长度呢？惠更斯发现了新方法，他用了一种类似弹簧的东西，叫作游丝。游丝是一种软软的金属丝，盘起来像个蜗牛壳，盘起来时每一圈金属丝彼此不接触。游丝有弹性，轻轻转动游丝时，它会带动摆轮转动，转动的摆轮就相当于荡来荡去的摆锤。

也就是说，惠更斯相当于做了一个盘起来的摆。摆都盘起来了，整个钟就能缩小很多，能够被摆放在家里了。

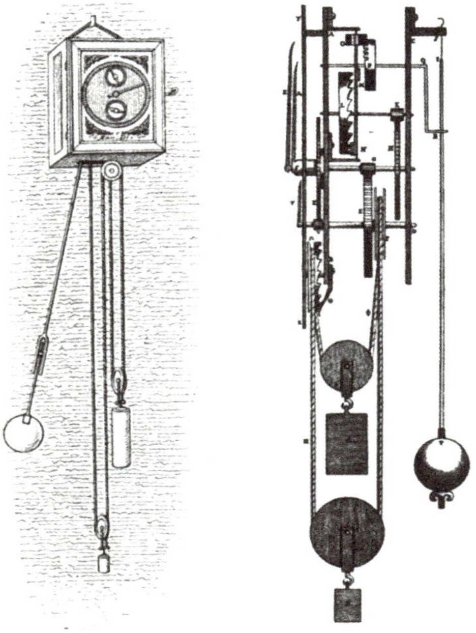

第一台摆钟由惠更斯于1656年设计

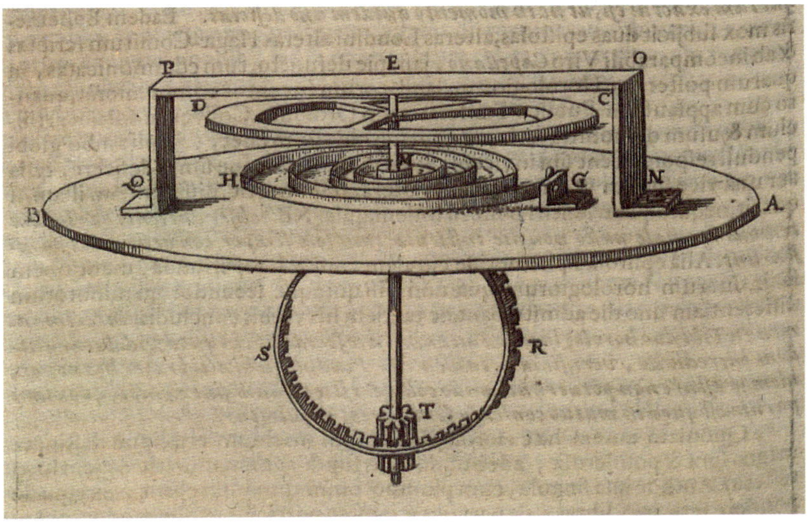


惠更斯绘制的游丝附着在摆轮上的图。胡克声称游丝摆轮是他发明的，真相可能是他跟惠更斯各自独立发明出的

# 从钟到表

如果把钟设计得再精巧一些，那就成为表了。据说，第一块表的主人是法国皇帝拿破仑的皇后。当时，拿破仑想讨皇后开心，就命令钟表匠造出一个可以随身携带的表。这是座钟的缩小版，个头比手掌还要大一点。

那么大的表当然没办法戴在手腕上了，后来人们又不断改进表，让它变小，直到能装进口袋里。如果你看过《爱丽丝漫游奇境记》，你一定记得兔子拿在手上的那块怀表吧？在19世纪，怀表可是受到大家热捧的高科技产品，就像现在的新款手机一样。那时候，比较高级的表可以做到1天之内误差不超过几秒。

当时，只有天文台能精确测量时间，所以，普通人买了表之后，会跑去天文台对表。一开始，天文台的人会好心地告诉每一个人准确的时刻，但后来，用上怀表、手表的人越来越多，要是人人都跑来对表，天文台的人就什么都干不了了。你猜猜看，这时候天文台会怎么做？

有些机构可能会直接关门，说我们不提供对时服务了，但是，格林尼治天文台却顺水推舟，推出了官方的对时服务。天文台每天早上派一个小伙子，带着一块已经对得非常准的表出发，按固定路线跑一天，小伙子的工作就是给付了费的客户对时。

当时需要对时服务的人主要是钟表匠和马车夫等，他们本身对时间精度的要求比较高。让人吃惊的是，这项服务竟然持续了100多年时间，在第二次世界大战期间，对时服务才被取消。

《爱丽丝漫游奇境记》里拿着怀表的兔子

1902年发行的一张明信片，上面印着格林尼治天文台一角

今天，我们的生活已经离不开准确的时间了，好在我们有互联网，大部分有计时功能的设备都和互联网连着，比如手机、计算机，它们可以通过网络随时从相关服务器抓取最准确的时间。

# 自来水——用“魔法管道”运送水

一座城市里生活着很多人，假如世界末日来临，城市里最重要的一项资源会是什么呢？就是水。

能不能喝上足量的、干净的水事关生死，缺乏干净的水的问题甚至比食物短缺还要紧迫，因为，人不吃东西但是能喝上水的话，通常可以撑 10 天以上，但如果没有水分摄入的话，也就能活 3 天左右；假如喝到的是被污染的水，那情况会变得很糟，污水会传播各种疾病。

还好，我们今天没有面临世界末日，而且城市里有先进的自来水系统，有了它，上亿人都能方便地喝到安全的水。可以说，自来水系统目前是人类解决喝水问题的最佳方案。

## 自来水公司最初提供的服务

在距今 300 年前，世界上就已经出现了很多人口超过 50 万人的大型城市，比如英国的伦敦、法国的巴黎。在当时，许多城市居民需要水的时候可以去井里提水，或者可以选择到更近、更方便的取水口接水。今天，如果你去意大利的罗马旅游，会发现罗马城里还有很多类似的取水口。

不过，在有些地方，从取水口取水是需要额外交钱的，因为它是当地供水公司的服务项目。取水口的水比较干净，而且取水口有很多，大家在家附近就能接水。如果想喝免费的水，那就只能多走一段路，去井里挑水了。井水没有人管理，可不一定干净。

最初，伦敦的供水公司大都是从泰晤士河里取水的。这条河是英国的母亲河，它穿城而过，在这里建取水管道很方便，供水公司就建造管道，把泰晤士河的水运到取水口。但是后来城市人口继续增加，城里还修建了工厂，泰晤士河被污染了，这下，花钱买的水也

18世纪的英国切尔西供水公司

不干净了。怎么办呢？供水公司只能另外找一条干净的河，挖出一条新的引水渠，把干净的水引进伦敦。

伦敦北面有一条利河，在泰晤士河被污染之后，利河就开始给市民提供饮用水。但是利河有很大一部分是人工开凿的，所以，跟泰晤士河的水比起来，从利河引来的水就更贵了，普通人是喝不起的。

像这样寻找干净的河流并引水到城里，就是供水公司一开始提供的服务。

## 水需要过滤

随着时间的推移，在 130 多年前，美国一些城市的自来水系统升级了。供水公司不再就近从流经城市的河里取水，而是把取水点挪到河流的上游甚至源头。有的取水点离城市很远，距离超过 200 千米。一些河流的源头是一个湖，从湖里取水就可以解决河流中途被污染的问题了，这才是最理想的状态。

但是又出现了新的问题。饮用水要从源头被送进城市，可能需要经过几百千米的运输路程，途中的水渠也可能会被污染，这可怎么办？有时候，明明湖里的水是干净的，但城里居民接出来的水就是有一股臭味。水卖不出去的话，供水公司就要倒闭。这时候，工程师们想到了一个办法，那就是将水过滤。

最初的过滤方法很“土”，用的就是土。那时候的人发现，有些河流的水很脏很臭，但如果在河边打井，井水就是干净的，这是因为土壤等物质可以把脏东西拦住，进入井里的水就被过滤了一遍。最初，工程师们用沙子为主、土壤为辅的混合物来过滤，效果只能打59分，没及格。因为这样过滤的话，只有最初流出来的水是干净的，坚持不了几天，后来流出来的水就不怎么干净了，这是为什么呢？

工程师们把化学家、微生物学家都找来了，经过研究才发现：让水变干净，不能只靠沙子和土壤的过滤作用，还要靠生活在沙子和土壤里的微生物。别看这些微生物个头小，但它们数量多，会“吃掉”水里的部分污物。但是，这些微生物要活着，就需要有氧气。

沙子里有缝隙，最初存了不少氧气，但过滤的脏水往往含氧量比较低，所以，能帮忙去除杂质的微生物只在最开始的时候活着，后面氧气逐渐不足，微生物的工作就逐渐停了下来，最后它们甚至死掉了。到了这一步，就只剩下沙子和土壤在过滤了，微生物的过滤效果全都没有了。

## 过滤器的出现与发展

怎么办呢？微生物学家提出建议：不断地往沙子里注入空气，让微生物能吸上氧。根据这个建议，工程师做出了专门用于过滤水的“砂滤器”，它能够有效地减少饮用水里脏东西和病原体的数量。1900 年，德国汉堡做过统计，跟以前相比，用上砂滤器之后，城市里感染伤寒的患者数量下降了 80%。

砂滤器是个好东西，不过光有它还不够，因为它没办法完全解决水浑浊的问题。浑浊其实是一些微细的颗粒物悬浮在水中的结果。这些颗粒物既不附着在砂滤器上，也不和其他物质“抱”成团，总会漂在水中，把水弄浑。怎么办呢？可以在过滤前加入明矾。明矾长得跟盐差不多，溶于水后生成氢氧化铝胶体，可以吸附水中悬浮的小颗粒，让这些小颗粒都“抱”成团。往一杯浑浊的水中加入一勺明矾，搅动一会儿，就会出现棉絮状的沉淀物，等这些脏东西沉到杯底，上面的水就清澈了。

加入明矾后，水还要搅拌和沉淀，所以就需要修建一个大大的蓄水池来做这件事。但是新的问题又出现了，水在蓄水池里放久了会生出很多细菌，这样的水也没办法用，所以要杀菌。后来，人们在水里加入氯气。氯气是一种气体，化学课上会讲到它，它对生物来说算是危险的东西。溶于水中的氯气与水发生反应，生成的次氯酸具有强氧化性，细菌一接触到它，就被杀死了。

看到这里你可能会担心，氯气这么危险，那用氯气杀菌的水应该也不能喝吧。其实不用担心，因为杀菌用的氯气量是需要控制的，而且水中的余氯含量必须达到饮用水标准。

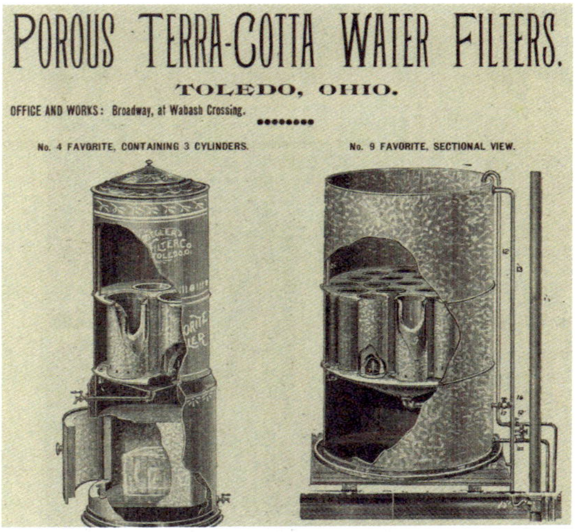

1895年，美国俄亥俄州生产的过滤器

现在，我们有了“用明矾沉淀 + 过滤 + 用氯气消毒”这套措施，自来水厂可以大展拳脚了。最早使用这套联合净水措施的是芝加哥的自来水厂，时间是 1896 年，距离今天有 100 多年了。

之后，进入 20 世纪，许多城市的自来水系统都采用了这种模式：从大型天然湖泊或者人工水库里取水，水经过事先规划好的管道路线流入城市周边的大型自来水厂，在自来水厂经过沉淀、过滤、消毒，就能变成清澈、无病菌的、干净的水了，然后，这些水再通过密布地下的自来水管道流到各个建筑物中。在这个过程中，水泵会给水加压，这样当我们拧开水龙头的时候，略带氯气味道的水就会喷涌而出。

## 海水淡化技术

世界上大多数地方都是用的自来水系统，人们在这些地方的周围总能找到淡水，但有些地方很特殊，比如它们在靠近海洋的沙漠里，周围根本没有大湖大河，它们的自来水要从哪里来呢？那就只能利用海水了。如果用常规的设备来处理海水，最后得到的水也是清澈干净的，但是很咸，因为海水里的盐分一点儿都没减少，人喝了这样的水以后不但不能补充水分，反而越喝越渴。

那怎么去掉海水里的盐分呢？小学科学课上讲过“蒸馏”，蒸馏就是把水烧开，让它变成水蒸气，然后收集凝结后的水珠。蒸馏是去掉海水中盐分常用的方法，因为盐分不会变

现代化大型海水淡化厂

成气体，水变成了水蒸气，盐分还留在锅里，这样就把水和盐分分开了，凝结后的水珠就是纯净水了。

今天，世界上海水淡化处理技术最发达的地区是中东地区。蒸馏海水时需要加热海水，很浪费能源，所以，科威特的研究人员想到了一个好办法。科威特是中东地区的一个国家，它有很多炼油厂、化工厂。这些工厂在很多环节都需要进行冷却，正好可以利用海水来做这个事，冷却的过程中顺带就把海水蒸馏了，这样就收集到了纯净水。

大概在 50 年前，中东地区约有 2 000 万人完全依赖蒸馏海水得到的自来水来生活。在那之后，又出现了一种新的海水淡化技术，它采用了一种可以直接把盐分过滤掉的膜。最初，这种特殊的过滤膜价格非常高，后来经过技术改进，价格降低了，很多中东国家才开始用上这种新技术。

现在，除了非常贫困的地区，大部分人都已经习惯了用自来水。自来水的出现和冲水马桶一样，给我们的城市生活带来了极大的方便。

# 洗衣机——机器代替人力的路线图

过去，人们要是想洗衣服，就会带着衣服去河边，把衣服铺到一块比较平整的石头上，打湿之后用大木棒用力拍打衣服。这么使劲拍，就能把一些脏东西从衣服上给震下来。那时候人们还用不上肥皂，也没有自来水，更没有洗衣机，所以洗衣服特别麻烦，有时候可能要连续几个小时挥舞着大木棒，这实在是太累了。而且，总是这么拍打，衣服也很容易磨损，多洗几次，衣服可能就洗坏了。所以在古时候，衣服只要不是特别脏，大家就不会把它拿去洗。

由此可见，洗衣机真是一个伟大的发明。在没有洗衣机的年代，人们可能得花上一整天时间才能洗完全家的衣服。发明洗衣机的目的，就是要轻松地把衣服洗干净。

我们之前讲过肥皂的故事，它的出现已经让人们洗起衣服来稍微轻松一些了，而且洗完的衣服更干净，磨损也更小。不过，有了肥皂之后，人们还是要靠手洗衣服，能不能找到一种方法来代替人力呢？

最早找到替代方法的人是出海的船员们。出海时，周围都是海水，船员们会把脏衣服装进结实的麻袋里，拿一根缆绳系上，垂到海里。这样，随着船的航行，麻袋不停地被海水冲刷，衣服上的脏东西也就被海水冲掉了。当然，海水里有很多盐分，所以这么洗过的衣服会留有很多盐分，这是没办法的事，只能晒干衣服之后抖一抖。但好在这样不用手洗了，省力。

## 第一台洗衣机出现了

那么，我们能不能在陆地上也制造一个带有水流的东西，把衣服冲洗干净呢？1858年，世界上第一台洗衣机出现了，它是美国人汉密尔顿·史密斯发明的。这台机器可以叫作手摇洗衣桶，它的结构很简单，就是一个横放的大桶，桶里插着一组“螺旋桨”，连接着手动曲轴装置。人们把要洗的衣服放进桶里，加好水和肥皂之后，只要转动手柄，清洁就开始了。

原理很简单，效果却不如人意。首先，这一大桶衣服加上水大约有 50 千克，摇起手柄来就跟划船一样，而且把衣服洗干净需要一两个小时，相当于划上一两个小时的船，比手洗还要累。其次，这洗衣桶还可能把衣服给洗成碎布条。这是怎么回事呢？原来，“螺旋桨”转起来的时候，有可能会卷住衣服的一角，而这个大桶又不透明，里面的衣服被“螺旋桨”扯着转上一两个小时，等到洗完拿出来一看，可能早就已经被撕成一条一条的了。

所以，虽然史密斯发明了最早的洗衣机，但是它没能推广开来。紧接着，德国也出现了类似的手摇洗衣机，不过，这台洗衣机用的不是“螺旋桨”，而是一个大木槌。转动手柄之后，通过齿轮传动，木槌就会不断地上下挥舞，捶打桶里的衣服。因为只是上下捶打，不会像“螺旋桨”那样把衣服绞碎，所以这台洗衣机就不至于把衣服洗烂了。不过，这样的洗衣机还是要依赖人力操作，比起自己用手洗也没有轻松多少。

## 由人力向蒸汽动力转变

真正能节省人力的洗衣机是在蒸汽机诞生之后才出现的。19 世纪末 20 世纪初，在洗衣行业，蒸汽动力逐渐代替了人力。1905 年，当时的“钢铁大王”卡内基说过，全世界的蒸汽机每天提供的动力大约相当于 36 亿名工人不停工作一整天所提供的动力。36 亿人是什么概念呢？当时，全世界所有人加起来只有约 17 亿人，蒸汽机提供的动力，比全世界所有人所提供动力的两倍还要多，厉害吧！这么厉害的蒸汽机，后面还会详细讲到，下面先讲讲蒸汽机对洗衣行业的帮助。

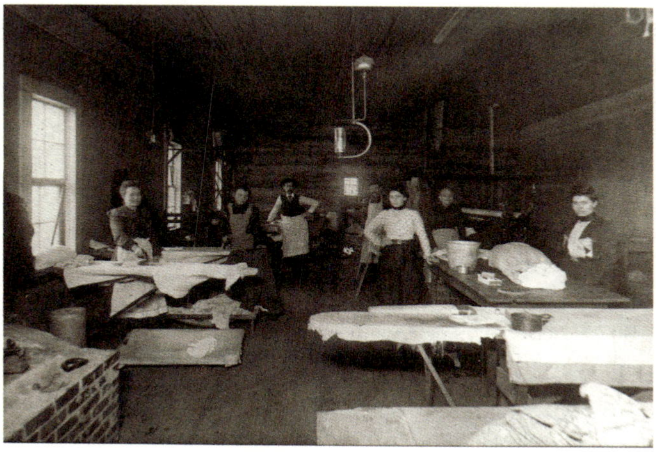

20世纪初期，美国的蒸汽洗衣店

那时洗衣机的结构分成两部分，一部分是跟以前差不多的洗衣桶，另一部分就是一台小型蒸汽机，跟一个人差不多高。蒸汽机用皮带和齿轮连接洗衣桶上的旋转装置。当时一台洗衣机能洗的衣服量跟今天家里一台普通的滚筒洗衣机差不多，但是很占地方，所以，这种利用蒸汽动力的洗衣机一般只在专门的洗衣店里使用。当时，在美国芝加哥的街头巷尾出现了不少蒸汽洗衣店，很多家里条件不错的人就会把衣服送到店里来洗。

## 滚筒洗衣机

等到电动机替代了洗衣机的蒸汽机之后，洗衣机的体积缩小了，才逐渐进入普通人家。报纸上第一次出现电动洗衣机的广告是在 1907 年，洗衣机的牌子叫“雷神”。这时的洗衣机已经像模像样了，但是有个大毛病，就是它的零部件总会被水淹到，电线短路或者烧坏电动机是常有的事情。

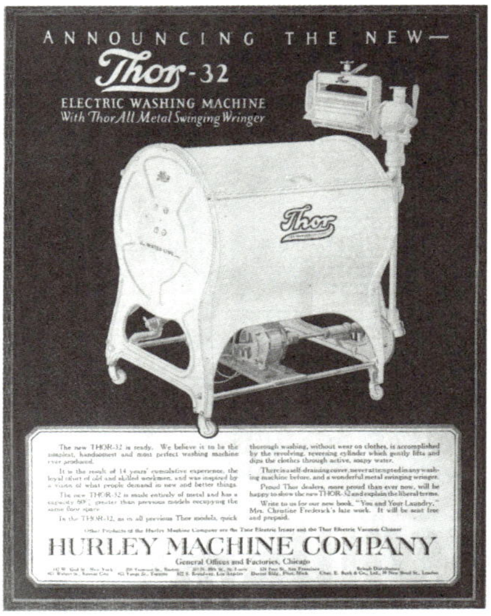


20世纪20年代的“雷神”洗衣机广告

又过了 30 年，即 1937 年，带有甩干功能的电动洗衣机出现了。在这之前，洗衣机转速不高，没办法把衣服甩干，人们基本都是用手拧干衣服再晾晒的。高速电动机出现后，洗衣机的转速可以提高到每分钟 500 转以上，在它高速运转时，衣服紧紧地贴到了桶壁上，这时候，透过桶壁上密密麻麻的小洞，水会被甩出去，衣服就这样被甩干了。

德国制造的早期的离心甩干机

这种甩干衣服的方法既省力，效果又好，还不伤衣服，很快就流行开来。这种洗衣机后来被称作滚筒洗衣机。

洗衣服的时候，洗衣机的转速通常为每分钟 20~60 转，衣服会从桶底被带到桶顶，因为转速没有那么快，衣服被带到桶顶后会掉下来，这样，衣服会互相拍打，就像古人用木棒拍打衣服一样，把脏东西都拍了出来。

滚筒洗衣机的设计有很多优势。首先是省水，因为在洗涤衣物时，水的功能是打湿衣服，让洗涤剂充分渗入就够了，所以不需要加太多水。其次，滚筒洗衣机里的衣服会被摔来摔去，不那么容易缠在一起，所以更容易将衣服洗干净。当然，滚筒洗衣机也有劣势，比如在洗很重的衣物时通常会震动得很厉害，所以滚筒洗衣机必须把减震系统做好，否则这么震下去，电动机可受不了。

## 不断改进升级

到这里，洗衣服的全过程，已经从手洗一整天简化成了按几个按钮，不过，这时候还有晾衣服的环节得靠人力来进行。于是，改进后的一些洗衣机又出现了烘干功能，今天，使用这种洗衣机时，你可以提前设置好，让衣服洗干净后先甩干，甩干后再继续烘干。只要让洗衣机工作两三个小时，脏衣服就变得干净又干爽，拿出来就可以直接穿了。洗衣机还能烘干衣服，当初发明洗衣机的史密斯肯定想都不敢想。

创意延展

### 洗涤剂的"进化"

随着洗衣机的改进，衣物的洗涤剂也从历史悠久的肥皂变成了洗衣粉和洗衣液。很多洗涤剂都是含磷的，磷这种物质会被一些浮游植物当成肥料，所以，当洗衣服的废水通过下水道排到自然环境里之后，水里的含磷量就会超标，导致一些浮游植物过度生长，遮蔽水面，这些植物甚至还会产生一些毒素，从而破坏水体的平衡。

现在已经有了一种新型洗涤剂，叫作洗衣凝珠。它长得就像一粒大胶囊那样，洗衣服的时候只要往洗衣机里扔一粒就可以了。这种洗衣凝珠的去污效果比传统的洗涤剂要好，通常不含磷，这也算是人们在完成洗衣服这项任务的过程中，又一个小小的技术突破。

# 个人用品篇

## 细微处的巧思蕴含畅销世界的秘密

# 衣服——人类是从什么时候开始穿衣服的

要说衣服是怎么出现的，还得从人为什么要穿衣服开始讲起。在现代社会，我们知道穿衣服是文明礼貌的表现，但在很久很久以前，人类穿衣服只是为了保暖。

哺乳动物通常都有浓密的毛发，例如我们的近亲黑猩猩，它们的生活习惯和我们几十万年前的祖先很相似，它们身上的毛发除了可以御寒，还可以保护皮肤。

## 褪去体毛是大自然的选择

同样是在丛林里穿行，人要是不做好防护，肯定会被各种蚊虫叮咬，还会被树枝划出很多伤口，但黑猩猩就不需要担心这些，它们的毛发可以帮它们避免这些问题。所以，人类进化成现在这样光溜溜的样子，其实代价是很大的。那么，人类用这么大的代价换回来的是什么呢？答案可能出乎你的意料：是生存的机会。

黑猩猩的身体覆盖着浓密的毛发

在几百万年前，气候突然发生变化，森林面积大幅减少，这个时候，我们的祖先走出了森林，去大草原上讨生活。在草原上，最重要的技能是捕猎，草原上的猎物跑得很快，人根本追不上它们，而且人还没有锋利的牙齿、强壮的肌肉。在这样的环境下，人类祖先只有一个小分支幸运地适应了环境的变化，靠着集体智慧和坚韧不拔的耐力生存了下来。

那时候的人往往要花几个小时甚至几天来追踪猎物，十几个人长时间跟踪一只羚羊或者一头野猪，直到把它耗到精疲力竭时才出手猎捕，这样成功率才高。追踪是一项高耗能的活动，草原上没有太多树荫，散热就成了头等大事。褪去毛发更有利于散热，如果毛发很多，散热能力有限，体温就会控制不住地往上升。体温升高两三摄氏度已经是很严重的问题了，人发烧的时候会很难受；体温要是升高五六摄氏度，人离死亡就不远了。

石器时代穿着兽皮的原始人，维克多·瓦斯涅佐夫绘

所以，人类祖先中那些毛发稀疏的个体在追踪猎物时就更有优势，这个特征在一代一代的演化中不断加强，最后，人类就变成了大面积皮肤都裸露出来的样子。褪去了毛发的人类可以以中低速跑几个小时，而其他动物很少有能坚持跑 1 个小时以上的。所以，别看动物跑得快，只要时间拉长到 1 天以上，人类就能凭借耐力摧毁动物的速度优势，而我们有超强耐力的前提条件之一就是褪掉毛发，提高散热能力。

但是，毛发少也有坏处。人类祖先走出非洲大草原，会去很多气温很低的地方，这时候要是还光溜溜的，那很可能会被冻死，所以，衣服就成了人类祖先能够走出非洲的一样重要道具。最早的衣服可能就是处理干净的兽皮，人们用草绳固定在身上，这样简单的衣服就能帮我们抵御寒冷。

那么，人类是什么时候穿上衣服的呢？是毛发褪去之后马上就穿上了衣服，还是光溜溜地跑了好几万年之后才穿上衣服的呢？

## 考古证据：缝衣针

想知道答案的话，科学家当然要找证据了。一开始，科学家想到的是找考古证据。但是这个证据可不好找，衣服不像骨骼、陶器、石器这样的坚硬物品，那些硬东西能禁得住时间的考验，从而保存下来。衣服通常都是用布做的，更早以前可能是用兽皮做的，这类材料顶多撑个几百年就碎得不成样子了，只有在隔绝了空气流动的墓穴里，还有可能找到一些比较完整的、几千年前的衣服。但想再往前追溯，那几乎是不可能的。

科学家找到的最古老的证据，是一根从西伯利亚山洞里挖出的缝衣针。缝衣针当然是用来缝衣服的，这根缝衣针是 5 万年前用骨头磨制成的，这就说明，衣服起码在 5 万年前就出现了。但是，人类穿上衣服的时间还能往前继续推吗？科学家实在是找不到更多的证据了。直接证据是找不到了，那能不能来点间接证据呢？还真有，科学家从害虫的身上找到了一个间接证据，而且，是个决定性的证据。

## 通过研究虱子弄清穿衣起源

1999 年，德国的科学家马克 · 斯托内金遇到了一个小麻烦，他儿子的老师通知家长，说最近学校里有些同学头上出现了虱子，请家长注意一下孩子们的个人卫生。虱子是一种小小的虫子，它会趴在毛发和衣服上，喜欢吸人血，还会传染疾病。而且，往往一个同学生了虱子，就会传染给其他人。

雄性体虱

斯托内金自然也担心自己的儿子被传染上虱子，但是作为一个科学家，他敏锐地意识到，这里面有值得研究的地方。既然虱子能在衣服里生活，那么，它是不是应该在衣服出现之后才出现的呢？如果研究虱子，说不定就能弄清楚人穿衣服的起源，于是，斯托内金立即着手研究了起来。

虱子是非常需要毛发庇护的，所以，人类身上的毛发褪去之后，光溜溜的身体上是很难藏住虱子的。在人没穿衣服的时候，虱子只会在身体长了毛发的地方生活。今天，在人类身体上生活的虱子，除了藏在毛发里的头虱和阴虱，还有藏在衣服里的体虱。科学家研究发现，生活在衣服上的体虱跟生活在头发上的头虱是亲戚，它们的祖先在大约 17 万年前分了家。这是怎么发现的呢？这里就涉及之前提到过的 DNA。

## DNA 解密

DNA 记录了遗传信息，而一种动物的 DNA 在每次传递给后代的过程中会有很小的概率发生突变，大约是一亿分之一的比例。如果一种动物繁殖了 1 万代，那么到第 1 万代的时候，就可能有 1 万次突变，突变比例大概是万分之一。

所以，如果我们找到两种动物，它们的 DNA 很接近，但是又有万分之一的差异，那么科学家就能知道，这两种动物是在大约 1 万代之前分家的。接下来，只要看看这种动物繁殖一代需要几年，就能把 1 万代具体转换成多少万年前。在这里，DNA 的突变率就起到了计量时间的作用，所以科学家就管它叫 DNA 分子钟。

对虱子的研究就是这样的。2003 年，斯托内金测了体虱和头虱这两种虱子的 DNA，找出了它们的差异，结果发现体虱是 10.7 万年前从头虱中分化出来的。不过，那时候的 DNA 测序技术还比较落后，斯托内金的结果其实不是很准。

在接下来的几年里，又有很多科学家重复了斯托内金的实验，随着技术的进步，得出的结果就精确多了。最终，科学家确定，体虱是在大约 17 万年前从头虱家族里分出来的，也就是说，约在 17 万年前，人类的祖先穿上了衣服，有些虱子就挪到了衣服上生活，跟头虱分开，最终，它们经过一代一代的繁殖，变得跟头虱越来越不一样，最后有了用 DNA 分子钟测出的约 17 万年的差距。

那么，人类又是从什么时候失去体毛的呢？对于这个问题，斯托内金也做了研究，他测了人类的 DNA，想看看控制毛发的基因以及控制肤色的基因是从什么时候开始发生改变的。结果发现，这两个基因都是在大约 100 万年前发生了变化。这下我们就知道了，人类祖先大概是在 100 万年前褪去了毛发，同时，原本粉嫩的皮肤开始变黑，这让我们适应了在非洲大草原追捕猎物的生活。接着，在光溜溜地生活了 80 多万年之后，到了大约 17 万年前，我们的祖先终于开始习惯穿上衣服。

到这里，科学家已经找到了问题的答案：衣服大约是在 17 万年前发明出来的，而在这之前，人类祖先已经褪去了毛发，光溜溜地跑了 80 多万年。这个研究有意思吧？而且，它给了我们一个非常重要的启发：有时候，要想找到问题的答案，就应该去寻找间接证据。

而要想找到间接证据，就需要找到一个和结果紧密勾连的相关因素，比如体虱这种害虫。体虱只生活在衣服上，所以，虽然我们不可能找到一件十几万年前的衣服来证实衣服出现的时间，但体虱作为跟衣服紧密勾连的相关因素，还是给了我们可靠的答案。

同样的思考逻辑在很多领域都有使用过，比如，曾经就有经济学家通过这种利用相关度寻找间接证据的方法，分析出了制造氢弹的绝密原料。

# 牛仔裤——从帐篷布到时尚标志

提起牛仔裤，人们首先想到的是“李维斯”品牌，这个品牌的创始人名叫李维·斯特劳斯，他也是牛仔裤的发明人。下面，就先讲讲他的故事。

## “淘金热”与牛仔裤的渊源

李维是在德国出生的，18 岁的时候，他跟着父母移民到了美国，开了一间杂货店。他们一家刚刚在美国站稳脚跟，美国历史上一个标志性的事件就出现了，这个事件叫作“淘金热”。顾名思义，“淘金”就是在河沙中淘洗出金子来。那时候，世界各地的移民、冒险家、流浪汉都涌向了美国西部，去那里寻找金子，想发大财。这次热潮就叫作“淘金热”。今天人们还把美国西部的一座城市叫作“旧金山”，就是因为当年人们在旧金山附近发现过金矿。

牛仔裤发明人：李维·斯特劳斯

不过，那些去淘金的人只有极少数发了大财，倒是那些给淘金者提供商品和服务的人赚了不少钱，比如工具商（卖铁锹的、卖锤子的），或者是饭店、旅馆的老板。李维一家当然也没有错过这个商机，他们家开在旧金山的分店当时经营得还不错，主要是卖布匹等日用品给淘金者们。

慢慢地，李维就发现，这些来买东西的淘金工人的衣服总是破破烂烂的。因为，这些人干活的时候总是接触很多碎石，衣服就很容易被划破。李维就琢磨，能不能给工人们设计一款又结实又耐脏的衣服，能像炒菜时穿的围裙那样，工作的时候就套在外面，不工作了再脱掉，这样就能保护工人原本的那身衣服，让它保持得干干净净。如果能设计出这样一件工作装，应该会很受工人们欢迎的。

于是，李维开始寻找自己身边合适的材料。他想起了做帐篷用的防水帆布，这种布很结实，用来制作工作服应该合适。有了这个想法，李维马上就动起手来。当时，有个经常来他店里买杂货的人，叫雅克布·戴维斯，是个裁缝。李维就去找他商量，用防水帆布做了一款裤子。这款裤子的材质硬挺，所以只能做得肥大一些，需要用背带固定在人身上。这款背带裤就是最早的牛仔裤。

20世纪20年代，穿着牛仔裤干活的铁路工

## 牛仔裤的两次改进

不过，防水帆布虽然特别耐磨，撕不烂也刮不破，但太厚实了，工人们穿起来觉得很沉，不方便行动，所以这款牛仔裤不受欢迎。于是，李维又对它做了些改进，提高了舒适度。这个改进是通过换布料实现的，李维把制作牛仔裤的布料从防水帆布换成了单宁布。

其实，不论是单宁布还是防水帆布，它们的原材料都是棉线，区别在于是几股的棉线。如果你编过绳子，就一定知道，多拧几股线，绳子就会更结实。单宁布用的是单股的棉线，而帆布用的是双股的棉线，所以，如果用同样的织法，单宁布的厚度就只有帆布的一半，但是单宁布依然比人们平常穿的衣服布料要结实很多。在轻便舒适和结实耐用之间取一折中方案，牛仔裤的第二个版本就诞生了。

牛仔裤的第三个版本是一次重大的改进，这次不是换布料，而是在裤子上钉了钉子，就是你今天在牛仔裤上看到的那种铜铆扣。裤子上为什么要钉钉子呢？这是因为李维和雅克布在改进牛仔裤的过程中观察到了一个现象。那时候，淘金工人经常带着各种东西，裤兜里装得鼓鼓囊囊的，有凿子、锤子、手套、火柴等，所以，裤兜上面的两个角就很容易被撑开，严重的时候，整个裤兜都会被撕开。

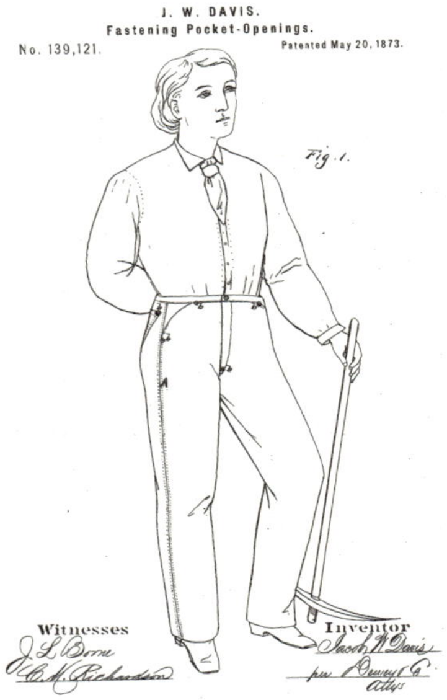


李维·斯特劳斯和雅克布·戴维斯的专利附图

虽然李维和雅克布在设计之初已经考虑过这种情况，在裤兜上加缝了好几道线，但还是禁不住长期的拉扯。注意到这个现象之后，他们决定继续加固裤兜的这两个角。他们找来了加固帐篷的小零件——铜铆扣，将其钉上之后，除非你先扯掉它们，否则，裤兜是很难被扯坏的。这个改进非常重要，李维和雅克布还为它申请了专利，从这之后，李维斯这个品牌就开始成为牛仔裤的代名词。

不过，单宁布牛仔裤有个缺点——容易缩水，前两次洗完之后尺码总会缩小一点。所以，那时候工人们会买比常穿尺码大 1～2 号的牛仔裤。而且，由于缩水的幅度不好精确控制，所以，那时候的牛仔裤通常都是背带裤，这样即便买大了，工人还是可以穿着它干活。

## 牛仔裤的“瘦身”

从 19 世纪末开始，牛仔裤经常作为工装裤使用，它不够美观，但是很结实耐穿。后来，“淘金热”虽然结束了，这种耐穿的裤子却保留了下来。又过了一段时间，牛仔裤开始变得美观、日常化了，这个转变发生在 1922 年左右，因为从那一年开始，李维斯牛仔裤出现了腰身的设计，腰部有穿皮带用的皮带环。在这之前，牛仔裤的模样就像一个桶，方便套在别的裤子外面；而现在呢，它变得更苗条了。

因为这时候大环境发生了变化，“淘金热”已经结束了，工厂工人虽然也喜欢穿牛仔裤，但并不需要在裤子外面再套裤子，所以，李维斯干脆把牛仔裤改造成了可以直接单穿的裤子。这可以说是一次重要的转型。为了让牛仔裤在出厂之后不再缩水，从这时候开始，牛仔裤在出厂前增加了洗涤这道工序，让它先完成缩水，尺寸不再变，然后再卖给普通消费者。

你看，牛仔裤的每一次改变都是在顺应使用者的需求。其实，和李维同时代还有很多人在设计耐穿的工装裤，但他们都没能竞争过李维，很可能就是因为忽视了使用者的改进建议。所以，可以说，使用者也参与了牛仔裤的发明。

## “牛仔裤”名字的由来

到此为止，牛仔裤已经成了美国人普遍认可的服装。不过你肯定很好奇它为什么叫“牛仔裤”。其实，这个名字并不是李维起的。一种流行的东西会带着哪些文化元素传播开去，这完全不是发明者能说了算的。

首先说牛仔裤的英文名“jeans”，这个名字一开始其实是个外号。在欧洲有一个很大的港口叫热那亚，法语名字是“Gênes”，这里也是帆布的生产基地。而帆布就是牛仔裤最初的制作材料。

据说，在“淘金热”兴起的年代，从热那亚出发的船只特别多，出口到美国的帆布也特别多，当时船上的水手大都穿一种用结实的牛仔布做成的裤子，所以，美国人就用“Genes”来称呼这些从热那亚来的穿着牛仔布裤子的人。“Genes”叫得多了，美国人又把首字母从 G 换成了 J。所以“jeans”这个词就出现了，一开始是用来形容人的，后来用来形容那些人穿的裤子。

那么，中文名“牛仔裤”又是怎么来的呢？“jeans”这个词并没有牛仔的含义。其实，“牛仔裤”这个名字来源于美国西部片对中国人的影响。

20 世纪 30 年代，牛仔裤开始进入电影界。很多电影明星，比如玛丽莲 · 梦露，都喜欢穿牛仔裤。而电影里那些西部拓荒者和伸张正义的牛仔们，也经常穿着这种修身的工装裤。几十年之后，这些西部牛仔电影传入中国，给老百姓们留下深刻印象的，就是电影里酷酷的牛仔们，于是我们就根据“牛仔”这个称呼，把这些人穿的裤子称为“牛仔裤”。

直到今天，牛仔裤还在不停地“演化”着，你可以买到高腰款的、破洞的、洗得发白的、带流苏的等各种各样的牛仔裤。在牛仔裤诞生之后，牛仔裤的样貌在很大程度上就是由穿它的人塑造的，所以，我们无法预测 50 年后牛仔裤会变成什么样。只要它还是一个有活力的东西，就说明它的变化顺应了使用者的消费潮流。

# 拉链——简单的发明怎样改变了世界

我们都见过衣服上很常见的一种小配件——拉链，但你可能不知道，全球每年生产的拉链，如果首尾相连，总长度超过了 800 亿米，这个长度相当于地球到月球距离的约 200 倍！拉链的使用范围还从地球延伸到了月球，著名的航天员阿姆斯特朗登月的时候所穿的那件航天服，上面就有特制的铜拉链。

拉链为什么这么受欢迎呢？因为有了拉链，不管是穿衣服还是脱衣服，都方便了很多。比起扣扣子，使用拉链可以节省约 90% 的时间。

## 拉链的起源

拉链最早的发明人是伊莱亚斯 · 豪，他是美国的一位发明家，他于 1851 年获得的拉链专利只是他众多发明专利中的一个。豪专注的是机械领域的发明，他最著名的发明是“双线连锁”缝纫机。

伊莱亚斯 · 豪发明的“双线连锁”缝纫机

缝纫机是一种可以代替手工一针一线缝衣服的机器，很多人可能没有见过，因为我们现在都是买现成的衣服穿，很少再自己做衣服了。要是回到 30 年前，缝纫机可是中国人家家户户必备的工具，而今天，我们通常只有在裁缝店里才能见到它了。

其实，豪只是改进了缝纫机，给缝纫机赋予了重要的新功能，就是“双线连锁”，简单来说就是针头每上下一次，就能让两根线分别缝在衣服的正反面。这样的缝合方式效率高，而且缝合处更结实。从他这次改进后，缝纫机就变得特别好用，基本上没有什么大变化，一直稳定地用到今天。

拉链则是他在改进缝纫机之后顺手设计出来的。缝制衣服的过程可以加快速度了，那么穿衣服的过程是不是也能提提速呢？一个一个扣扣子实在是太浪费时间了。于是，豪就发明了拉链。

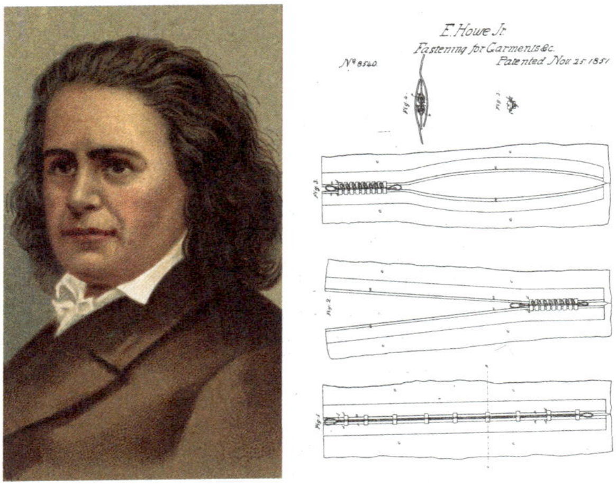

伊莱亚斯·豪及其发明专利附图

不过，他的这个设计并没有普及开来，真正实用的拉链设计是 40 多年后才出现的。注意，拉链这时候是被重新发明了一次，也就是说，40 多年后的这位发明家完全没有借鉴之前豪的发明。或者说，他压根就不知道之前还有那么一项发明。

## 拉链的“锁扣和解锁”设计

重新发明拉链的人也是一位美国发明家，名叫惠特科姆·贾德森。他发明拉链，是为了让高帮皮靴更容易穿。

你如果穿过高帮皮靴，可能就有经验：这种靴子的筒比较长，有的都差不多到膝盖了，皮靴又比较硬，要想穿上这又长又硬的靴子，就必须先把靴子的侧面打开，让腿能放进去。以前，高帮皮靴的开口处会有鞋带，一般都穿 10 个孔眼左右，穿靴子的时候就得挨个整理鞋带，想穿好靴子，至少得花 5 分钟时间。

对此，贾德森有了一个奇思妙想，他设计出一个新的结构，叫作“锁扣和解锁”装置。它相当于一排挂钩和一排锁眼，拉动拉锁就可以一次性扣上一整排锁眼，这个设计可以大大方便靴子的穿脱。当然了，它跟今天的拉链还是差别挺大的，这个结构中挂钩的密度恐怕连现代拉链的十分之一都达不到。

1893 年，贾德森给自己的这个发明注册了专利，在当年的芝加哥世界博览会上做了展示，还成立了拉链生产厂。

参加完这次博览会，贾德森的发明是不是就火了呢？也没有，因为当时这个拉链还有

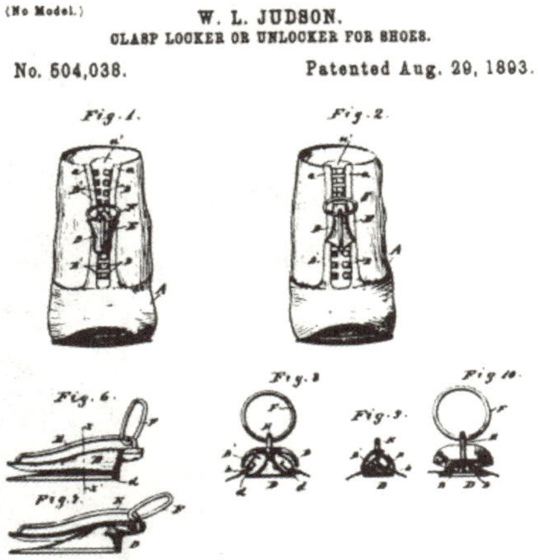


惠特科姆·贾德森及其发明专利附图

点小问题，经常会自己滑开，演示起来并不那么成功。大家一看，感觉这个发明不太可靠呀。

尽管贾德森后来不断改进，但大家不太买账。因为拉链虽然变得结实、好用了，但成本比较高，几乎相当于靴子本身的成本了，这样的拉链，只有有钱人才用得起。

## 拉链的改进

拉链后来是怎么变成今天这样子的呢？这还得感谢勺子，对，就是你喝汤用的勺子。

1906 年，第二次发明拉链后又过了 13 年，贾德森的拉链工厂来了一个瑞典裔年轻人——吉迪恩·桑德巴克。他是个电机工程师，非常能干，不久就成了厂里的首席工程师。他注意到，餐具店里为了省地方，会用两根平行的铁丝把勺子穿成两串，两排勺子头对头叠放到一起。

这样摆放能省空间，但是勺子不太好拿出来，会卡住。年轻的首席工程师大受启发，就模仿这样的结构设计出了新的拉链，也就是我们现在使用的拉链。

第三次发明的拉链改进了原来的设计。新的拉链有两排“锯齿”，上面挂着一个小滑块，往上滑就可以让“锯齿”咬合在一起，往下滑就可以让“锯齿”解开。之后，这个稳定可靠的设计就一直用到了今天。

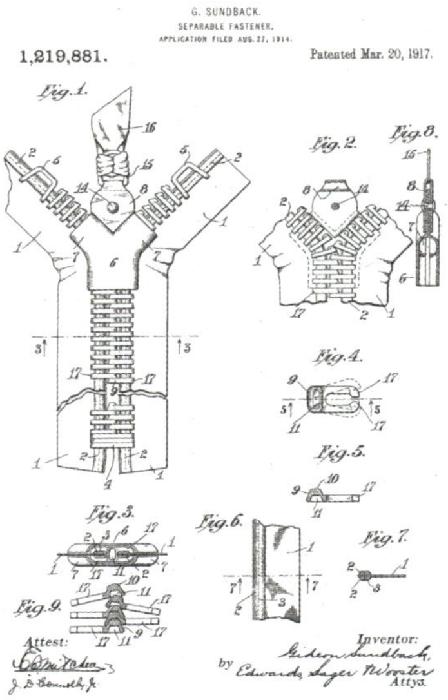


瑞典裔工程师吉迪恩·桑德巴克及其发明专利附图

## 拉链也能参加战争

不过，光有靠谱的设计不一定能得到认可。拉链能得到大家的认可，是因为一次重要的展示机会，那就是第一次世界大战。

第一次世界大战主要发生在欧洲，拉链作为美国商人卖出去的后勤物资之一，开始在这场战争中崭露头角。

带拉链的军服只需要 1 秒钟就能穿好，而带扣子的军服穿起来可能要花好几十秒。在战场上，时间就是生命，当然是越快越好。所以，美国军队就采购了大量带拉链的军服给参与作战的士兵使用。统计下来，美国商人在 1917—1918 年一共卖出了 34 000 套带拉链的军服。

## 拉链逐渐普及

这之后，拉链遇上了另一个发明——牛仔裤。牛仔裤正巧在那个时代受到了越来越多人的喜爱，拉链也被用到牛仔裤上，跟着流行了起来。不过，这时候的拉链主要是用在牛仔裤上，远没有今天使用得这么广泛。

直到日本企业家吉田忠雄出现，他建立了一个拉链工厂，把拉链用在了所有能想到的地方，比如钱包、书包、被罩、帐篷等，于是，拉链终于出现在任何需要封口的地方了。

## 两类发明

那么，拉链的发明给了我们一个什么启示呢？从表面上看，拉链的发明体现了一个规律，那就是：按照最初的想法做出的发明雏形，往往很难取得成功，需要不断地改进；直到某个节点，这项发明的性能终于超越了提供类似功能的传统产品，而且价格还足够便宜，最后发明这样东西的人才站在前人的肩膀上收获了成功。

以前说过的一些发明，比如经过爱迪生改进的灯泡，也体现了类似的规律。但这还不是全部。深入思考下去，你会发现，发明可以分为两类。

一类是需求催生出来的发明，也就是说，大家都有这个需要，急切地期待这种发明，这种发明容易出现很多个版本。只要有人肯动脑子、肯动手，等时机成熟，就很容易推出一项重大发明。洗衣机就是这样的发明。

而另一类则是在需求出现之前就已经被有想法的人设计出来的发明。拉链就是这样的发明。提前设计发明要冒很大的风险，因为等到需求终于出现的时候，你有可能会发现，自己之前选择的工艺、材料是不划算的。这时候，发明可能会因为成本过高而没法儿普及，你提前投资的生产发明的公司可能就这么倒闭了。

比如拉链，实际上它是在第三代发明出现的时候才刚刚找到了市场，这时距离它第一次出现已经过了 60 多年，第一个提出想法的人根本没有因为专利获得什么好处。甚至可以说，如果没有第一次世界大战期间的大订单，拉链这个发明可能还处于边缘化地位。

所以，你别看拉链这个发明小，它的诞生其实非常不容易，而最终它又对我们的生活影响非常大，实在是个了不起的发明。

# 眼镜——重返清晰世界

你身边有戴眼镜的人吗？你可以问问他们，配眼镜的时候有没有留意过镜片的种类和功能。

如今，有些镜片是有着不同近视度数的，镜片的上半部分度数比较高，用来看远处的物体，镜片的下半部分度数则稍低一些，用来看近处的物体。此外还有根据光照强度变色的眼镜，有防拍照时反光或者防划伤的镀膜眼镜，等等。

如果是近视度数很高的镜片，它会有一个防畸变功能。什么意思呢？你可以回忆一下漫画里戴高度数眼镜的人，在漫画里，他们的镜片是不是像啤酒瓶底一样，带有一圈一圈的纹路，别人都看不清他镜片后面的眼睛？以前高度数的眼镜镜片真的就是这样的，透过这样的镜片看到的物体形状是奇奇怪怪的。现在有了防畸变功能，即便是度数很高的眼镜，使用者看到的物体形状也能接近物体真实的样子，不会变形得太严重。

这些高级功能都是眼镜发展到后期、有了成熟的加工技术之后才出现的。高级主要体现在一副眼镜的镜片有多张镜片的功能，那么怎么去磨制出一副弧度精准的镜片就很重要。在以前，磨制技术落后，想做出这样复杂的眼镜根本不现实。

那么，眼镜是怎么被发明出来的，又是怎么发展的呢？在眼镜被发明出来之前，古代人难道不会有视力问题吗？

## 两种视力问题的形成

其实，人类普遍会有视力问题。在 10 岁之前，几乎每个人都是远视眼，而在 65 岁以后，几乎每个人都是老花眼，通常来说，只有在 10～65 岁这段时间里，我们的视力才有可能是正常的。

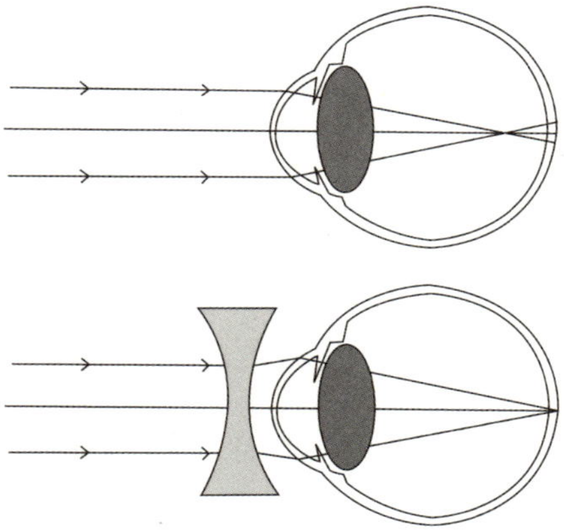

近视眼及凹透镜对近视眼的矫正

但只是有可能正常，实际上，很多人会在这个阶段变成近视眼。为什么会这样呢？因为人的眼球是个球体，在成年之前，随着年龄的增加，眼球的长度会不断变长。

在我们出生的时候，眼球的长度只有约 16 毫米，然后逐渐变长到约 24 毫米，这时候，光线进入眼睛之后正好能够落在视网膜上，这样我们看东西就是最清楚的。所以，在眼球长度达到约 24 毫米之前，我们有可能还是远视眼。

按说长度达到约 24 毫米时，眼球的增长就应该停下来了，但有些人的眼球还在继续变长，于是，这些人就成了近视眼。另外，有些人的眼球长度是正常的，但晶状体折光能力太强，这样也有可能形成近视眼。

那 65 岁以后，人为什么会得老花眼呢？这倒不是因为眼球的长度有什么变化，而是因为帮助眼睛完成聚焦功能的晶状体和肌肉不灵敏了。在该把焦距调近的时候，晶状体折光能力不足，肌肉也收缩无力，看书看报纸就都变得费劲了。超过 95% 的人都会得老花眼。

所以，不论是现代人还是古代人，都面临着视力问题。

## 眼镜的雏形

在约 2 000 年前，古罗马的剧作家塞内加阅读的时候，会把一个装满了水的玻璃小圆球放在阅读材料前面，用来放大文字。像这样起到眼镜作用的东西，应该在更早之前就存在了，毕竟人们一直都有可能近视嘛。

剧作家塞内加只是把要看的东西放大了，尺寸变大，字就容易认了。不过，对近视的人来说，他们看眼前物体的模糊程度并没有改变，只不过因为字被放大了，所以比较容易辨认而已。这种玻璃小圆球顶多只能算是眼镜的雏形，至少要架到眼睛附近才能算真正的眼镜嘛。

那么，具体是谁在什么时候开始把玻璃镜片架到眼前来看东西的呢？对这件事没有详细的记载。不过，阿拉伯的天文学家海什木留下了一些相关记录。在大约 1 000 年前，海什木在他的著作《光学之书》里提到了怎么用平滑的镜片帮助有视力障碍的患者。

约 200 年后，这本用阿拉伯文写成的书被翻译、介绍到欧洲，并被修道院里的修士读到了。他们看了这样的记载觉得很有意思，就纷纷做了尝试。那时候的眼镜都是单个镜片，跟今天的放大镜差不多，它有一片薄薄的、起放大作用的镜片，外面套上一个木框，下面再接一个木柄。

海什木

在那个时代，其实只有少数人是靠阅读和写作为生的，他们最有可能先用上眼镜。至于普通的近视患者，可能近视对他们生活的影响并不是很大。所以，我们可以猜测，当时近视的人数肯定远远大于使用眼镜的人数。

制作镜片的水平有多高，完全取决于制作玻璃的水平有多高。人类很早就熟练掌握了制作玻璃的技术，在约 2 000 年以前，古罗马城里就有很多玻璃工匠，他们可以制作出非常复杂、漂亮的玻璃艺术品。

虽然古罗马人的玻璃艺术品制作工艺高超，但在之后的 1 000 年里，他们并没有发明出眼镜，原因之一是眼镜的玻璃镜片对透明度和均匀性的要求远高于装饰性玻璃。

## 最早的眼镜诞生

13 世纪，意大利威尼斯的工匠掌握了制作透明玻璃的方法。这种材料很快被注意到，人们用铆钉将两个透明的镜片连接起来，最早的眼镜就诞生了。

正在抄写的休的肖像，这是眼镜的最早图片证据。托马索·达·摩德纳绘，1352年

图中的这个人边阅读边写作，眼镜就悬挂在他的高鼻梁上。对鼻梁比较高的人来说，这样的眼镜没什么问题，但对鼻梁塌一些的人来说，这副眼镜就挂不住了。于是，人们在眼镜的左侧设计了一个把儿，这样右手写字的时候就可以用左手拿着眼镜了。

仔细看画上这个人，他的年纪应该比较大了，可能有五六十岁。那么，他用的这副眼镜是什么眼镜呢？按今天的标准来说，这些古老的眼镜全都是老花镜。

老花镜的玻璃镜片跟放大镜很像，是中间厚边缘薄的。在双镜片老花镜出现了将近 200 年之后，最早的近视眼镜才出现。近视眼镜的镜片结构跟老花镜是反过来的，中间薄而边缘厚。

刚才我们提到了意大利的威尼斯，这个地方在历史上很长一段时间里都是一个独立的小王国。别看威尼斯小，它有几个行业非常发达，其中一个就是手工业，而手工业里极为出名的就是玻璃加工。

威尼斯的穆拉诺岛曾以制作玻璃器皿闻名于世，图为穆拉诺玻璃吊灯

今天，人们去威尼斯旅游时，都喜欢去一下盛产玻璃的小岛。在过去，岛上的玻璃工匠行会非常注重技术保护，制作透明玻璃的配方对他们来说就是最高机密。大家约定一起保守秘密，如果谁违反了规定，不但要从工匠行会里除名，还要蹲大牢，只有这样他们才能世世代代靠制作玻璃来赚钱。

## 眼镜加工技术的普及

表面上看，这个保密规定有利于工艺的传承，但它实际上也阻碍了技术的发展。制作无色玻璃和老花镜的技术，有一段时间一直被封锁在威尼斯。当然，信息是很难被完全封锁起来的，大约过了 100 年，其他地方的人终于也掌握了这项技术，在这之后，近视眼镜才被发明出来。

有意思的是，直到眼镜都开始批量上市了，人们还不知道它的工作原理，大家只知道眼镜管用。直到 1604 年，伟大的天文学家开普勒才在他的光学著作里对透镜的工作原理给出了高质量的解释。这个时候的眼镜依然是靠鼻梁撑住的。

1730 年之前，英国眼镜商人已经做出了第一副带眼镜腿的眼镜。从那以后，眼镜的样子就一直维持到了今天，但是制作工艺还在不断精进，镜框变得更轻、更结实了，镜片磨制工艺更高超了。

眼镜的发明和改进反映了玻璃加工技术的提升。这项技术意义重大，在它的基础上才诞生了望远镜和显微镜，这些设备在科学领域发挥了重大的作用，让人们能够有机会更清楚地观察世界。

## 玻璃制作工艺在中国

其实，中国早在战国时期就已经制作出玻璃制品了，在那个时代的墓葬里，考古学家发现了大量玻璃珠。战国时期始于公元前 475 年，止于公元前 221 年，可以说当时中国的玻璃制作水平遥遥领先。

如果玻璃制品在那之后能成为主流消费品，可能中国就会是最早发明眼镜、显微镜、望远镜的国度。只可惜，玻璃在中国出现没多久，中国人就发展出了成熟的制瓷技术，玻璃制品没有流行开来。所以，古代中国的玻璃制作技术发展得很慢。遗憾的是，人们没法儿做出透明无色的瓷器。

### 如何保护视力

下面说说如何保护视力。现在近视的人越来越多，年龄也越来越小，而保护视力的关键是不要错过时间窗口。眼球的形状在 20 岁左右会基本定形，所以，只要坚持到 20 岁不近视，并且注意健康用眼，那么以后近视的可能性也较低。

如果你刚刚近视，别着急，在眼球定形之前，你可以遵医嘱佩戴角膜塑形镜（OK 镜），它是有可能在一定程度上矫正视力的。但这个矫正方法通常只在眼球定形之前有效，错过时间窗口可能就没有用了。所以，一旦近视，就要尽早去医院检查，在医生的指导下佩戴 OK 镜。

# 牙刷和牙膏——这两者是同时发明的吗

对我们而言，拥有一副健康的牙齿是很重要的，它能够帮助人们充分地咀嚼食物，享受美味佳肴。如果不好好清洁牙齿，牙缝里就会留下食物的残渣，哪怕是肉眼看不见的残渣，也会成为细菌的美食。细菌会在牙缝里生长，然后把牙蛀掉。蛀牙不仅疼，还会影响吃饭。

从古时候开始，人类就知道清洁牙齿了。不过，从前清洁的方法很粗糙，人们可能会用树叶蹭、用手抠或者用布擦。直到出现了牙刷和牙膏，人们才有了清洁牙齿的得力工具。

## 最早的牙刷

我们先来看看牙刷。考古学家在古埃及法老的陵墓里发现了最早的牙刷，距离今天有5 000多年。这是一根十几厘米长的细木棍，木棍的一端磨损得很严重，木头里的纤维全都散落出来，跟今天的牙刷长得很不一样，倒是有点像画画用的刷子。

考古学家怎么知道这是牙刷呢？其实是猜的。因为在这些小木棍的旁边。考古学家还发现了其他的清洁用具，所以他们就猜测，那时候的人会专门找一些纤维多的木头，做成木棍，把木棍一头的外皮磨掉，把末端捣烂，露出一束束纤维，然后用这些柔软的纤维来摩擦牙齿。

健齿植（具有千年历史的一种护齿用品），直到今天仍有人用这种木棍清洁牙齿

想找到跟今天的牙刷长得比较像的古代牙刷，那就得到大约900年前的中国看看了。那时候，中国人用竹子（或骨头）和猪毛制作了牙刷。

以前的猪长得比较像野猪，背部有鬃毛。古人用竹子（或骨头）做成牙刷柄，然后在牙刷柄上刺几十个小孔，再把猪鬃毛从孔里穿过去，就做成了一把相当专业的牙刷。

这种牙刷还被阿拉伯商人带去了欧洲，欧洲人又做了改进，用马毛来替换猪鬃毛，因为马毛比较柔软，不容易划伤牙龈。

到此为止，这些牙刷还都是手工制作的。

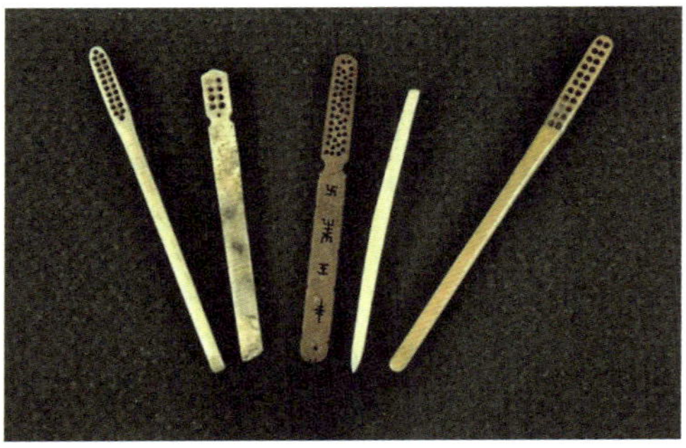

宋代虎骨牙刷柄

这款带有金属手柄的牙刷是为法国皇帝拿破仑制作的

## 用机器大规模生产牙刷

200多年前，出现了可以用机器批量生产的牙刷。这是牙刷的再一次发明，而最开始用到的牙刷柄材料竟是吃剩的骨头。这是怎么回事呢？

原来，当时有位名叫威廉·阿迪斯的发明家，他因为引发骚乱被关进了监狱。监狱里自然是没有牙刷可以用的，阿迪斯过得很不舒服。他注意到了监狱看守打扫牢房使用的刷子，心想，这刷子要是能缩小的话，也许就能当牙刷用了。

于是，他就向看守讨要了一点刷子毛，在吃剩的骨头上装上刷子毛，做了一把简单的牙刷，没想到还挺好用。出狱之后，他马上就创办了一个公司，利用机器批量生产牙刷，很快就发家致富了。

威廉·阿迪斯

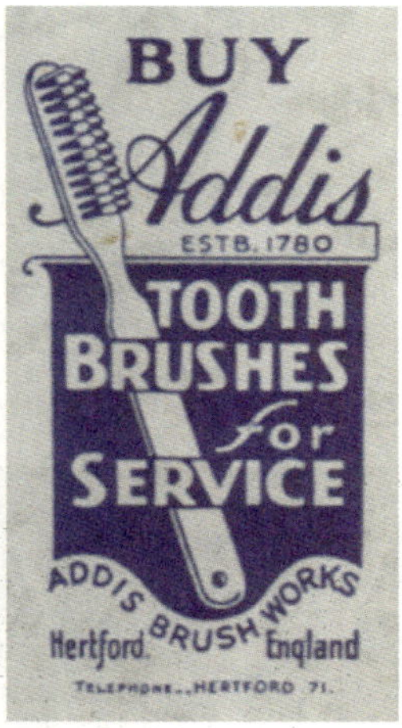


威廉·阿迪斯的牙刷广告

## 人造材料取代动物毛

在第二次世界大战之前，牙刷头都是用动物毛制作的，这就限制了牙刷的产能。发明史上有一个规律：凡是和总生物量有关的产品，产能总是会受到限制，没办法几倍几十倍地持续提升。

这很好理解，如果这个产品的原材料和某种动物或者植物的数量息息相关，那它的产能就一定会受到这种动物或植物产量的限制。直到我们能用人工制品替代天然材料，才有可能突破这个限制。

1938 年，杜邦公司发明了一种人造材料。这是一种合成纤维，叫作锦纶（即尼龙）。这种材料产量大，又结实，很快就被应用到了各个领域，人们用它做牙刷毛、丝袜、降落伞的伞绳等。从八九十年前开始，牙刷的样式就跟咱们今天用的差不多了。

说完了牙刷，下面再来说说牙膏。

## 最初的牙膏：牙粉

牙膏和牙刷是一起被发明出来的吗？其实不是。牙刷的历史有 5 000 年左右，而牙膏的历史就更悠久了。在很长一段时间里，我们的祖先都是用手指头沾着各种有研磨作用的粉末摩擦牙齿来做口腔清洁的。

粉末的种类非常多，最简单的是把鸡蛋壳砸碎磨成的粉，还有用骨头磨成的粉。其实，从今天的角度来看，这些粉末是不适合当牙膏的，因为里头的颗粒太硬，会加速牙齿表面的磨损。

牙膏最早具有的功能有两个：第一个是让牙齿变干净，第二个是让口臭消失。古埃及人就留下了他们的牙膏配方记录，他们用岩盐摩擦牙齿，用干鸢尾花、薄荷和胡椒这三样东西清新口气。

考古学家按照这个配方复刻了几千年前的牙粉，发现这种牙粉只要和唾液混合，就会变成糊状。嚼一会儿之后用手指摩擦摩擦，再吐掉，用水漱漱口，这就算是刷牙了。

中国古代的牙膏配方跟古埃及牙膏配方的制作思路差不多，比如用寒水石粉末摩擦牙齿，用天麻、细辛、沉香等清新口气。

19 世纪以后，牙膏有了更多的功能。那时候肥皂的价格已经比较低了，肥皂既然可以用来洗手、洗衣服，那也可以用来刷牙吧？所以，就有了含有肥皂成分的牙膏。

早期的牙膏都是干粉状，刷牙的时候容易弄得粉尘满天飞，后来人们往牙粉里加了水，调成糊状，就跟今天的牙膏差不多了。

## 牙膏的多种成分

1840 年，法国人发明了金属软管，这种东西最早被用在食品包装上。后来，美国的高露洁公司就把金属软管引进到自己的牙膏生产厂里，于是，牙膏就用上了软管包装。这里提到的高露洁就是我们很熟悉的那个牙膏品牌。

今天我们用的牙膏有好几种具有特定功能的成分。首先，最主要的成分是摩擦剂，它通常会占牙膏重量的一半。这些细小的颗粒物会增大牙刷毛和牙齿表面的摩擦力，把粘在牙齿上的脏东西剐蹭下来。其次，牙膏里还有含氟的物质，它的作用是防蛀牙。因为氟离子可以代替牙齿表面原有的某些成分，让牙齿更耐磨、更耐腐蚀。

这个好处是经过大量实验验证过的，不过美国人在一段时间里做过了头，他们觉得，既然氟化物能让牙齿更坚固，那就往饮用水里也添加氟化物好了。

这一加，就出问题了。尤其是儿童，他们的牙齿还没成熟，身体里氟化物过多的时候，氟离子就会过量地替换牙齿表面的物质，导致牙齿变黄。发现这个问题后，美国许多地区就不再往饮用水里添加氟化物了。

很多不良商家会借用这段历史来编造谣言，宣传含氟的牙膏会让孩子牙齿变黄，所以不能用。其实，让孩子牙齿变黄最主要的原因是长期喝含氟量高的水，如果是喝正常的水，那么只要刷牙的时候不把牙膏吃下去，含氟牙膏只会让牙齿更坚固，是不会让牙齿变黄的。

另外，牙膏里还有其他几种成分。一种是保湿剂，防止牙膏变成硬硬的膏体。一种是发泡剂，在刷牙的时候能起很多泡沫。还有一种是增稠剂，如果不加它，牙膏就会像酸奶一样，容易流得到处都是，用起来很不方便。

1915年，高露洁牙膏在杂志上刊登的广告

## 被夸大的牙膏

可能有人会问，有些牙膏还有其他功能，比如美白、脱敏、防止牙龈出血等，这些功能是不是也很重要？其实，这些功能并不是牙膏能够承担的。

先说美白，其实牙齿原本的颜色就是淡黄色的，而广告里的牙齿雪白雪白的模样，肯定是额外加了颜料或者是修图后的效果。

对于那些因为喝咖啡或者喝茶而留在牙齿上的色素，牙膏的清除作用其实是有限的，我们可能需要正确地刷上几年牙才能有效果。想让牙齿快速恢复到原来的颜色，最好的方法是洗牙，再加一个美白的步骤，就能让牙齿变得更洁白了。

再说一下脱敏。有些人的牙齿受不了凉水和热水的刺激，其实是因为他们的牙齿已经出了问题，牙齿的神经暴露出来，受到刺激时容易疼。

牙膏中用于脱敏的成分一般是硝酸钾，它的作用是麻痹神经，让人们感受不到那么强烈的刺激。但其实它并没有真的改善出了问题的牙。想解决问题还是要找牙医，不能光靠牙膏。

最后来说一说牙龈出血。牙膏最不应该有的功能，就是防止牙龈出血。你可能觉得，牙龈出血了，止住还不好吗？这当然要分情况讨论。如果是被刀割伤了手指而出血，当然要止住血，因为血一旦止住了，问题也就解决了。但牙龈出血只是表象，本质问题很可能是患了牙周炎。细菌通过常年的积累，已经渗透到牙龈内侧，开始破坏牙齿根部的骨骼组织了，这才导致出血的。

这个时候，如果只是通过一种强烈收缩血管的化学物质来止血，反而会耽搁病情，令其变得越来越严重。所以，要防止牙龈出血，就不能靠牙膏，还是得找牙医来解决。

# 照相机——原来是画家推动了照相机的发明

现在的智能手机都有拍照的功能，不过，如果你穿越回古代，跟古人说你有办法把他的影像留下来，你一定会被当成巫师。

古人没有照相机，没有手机，不会拍照，他们也理解不了拍照这件事。以前的人如果想保留下别人的容貌，记录下生活的瞬间，该怎么办呢？那只能依靠绘画。

“拍照”更专业一点的说法，应该叫“摄影”。摄影的出现其实和绘画里的写实主义流派脱不开关系。从名字就可以看出来，写实派画家们追求高精度地还原现实，他们希望别人看到他们的画时就像看到真实的现场一样。他们画的也大都是日常生活中的普通人、普通事。为了让各个细节都尽量逼真，画家们甚至要学很多几何知识，以处理各种物体之间的透视关系。

## 画家们的瓶颈

画家们已经很努力地提高自己的技术了，但他们还是遇到了瓶颈。比如，画油画的时候，如果一个画面里有好几个人物形象，画家就需要对着模特一个一个地画，往往画一个形象就需要几个小时甚至几天的时间，等画家把第一个形象画完，周围的光影明暗关系都发生变化了。

而且还有一点，为了画不同的物体，画家必须不断地变换位置，而他作画的位置一动，他眼里看到的物体的空间关系也会随着改变。所以，不管画家如何努力，想把画面复原成眼睛最初看到的那一瞬间的模样都是不可能的。

你可以看一下《宫娥》这幅油画，它是世界三大名画之一。乍一看，《宫娥》这幅画已经很逼真了，但有很多分析家都指出，这幅画中的物体在空间关系上是不一致的。

17世纪西班牙画家迭戈·委拉斯开兹创作的油画《宫娥》

画面中，左侧拿着调色盘的是画家本人，而他旁边那面镜子映出来的应该是他正在画的两个人。从画家的凝视方向来看，画家是正对着他面前的镜子的，那么他就应该能看清画面右侧那堵墙才对。但是，实际上在这幅画里，右侧那堵墙是昏暗的，而且它摆放的角度也不对劲。这就说明，画家在绘画的过程中一定改变过他绘画的位置。这就是写实派画家当年会遇到的瓶颈之一。

## 小孔成像原理

当时，连最顶级的画家也没办法解决这个空间关系问题，后来，反而是某个工匠想到了一个好办法。工匠给画家出主意：你们可以用光和影子去画。这种方法叫剪影。

想画出逼真的剪影，画家只需要找到一个光线合适的位置并把物体放过去，然后在物体背后立一张纸，让影子投射在纸上形成一个轮廓，画家再来到纸的背面用笔把这个轮廓勾勒出来就好了。这个方法让画家可以在最短的时间内把物体之间的位置关系确定下来，这样它就不会随着时间的变化而发生变化了。

但是，这种方法有一个很大的问题，那就是影子是黑的，所以它只能体现轮廓，不能体现细节。这可怎么办呢？一个升级版的方法出现了，就是小孔成像法，这是你在物理课上将会接触的知识。

这个方法在 400 多年前就被当时的画家所运用。他们先找到一个密不透光的木箱子，然后在箱体上凿出一个直径比铅笔杆还要小的孔，画家就把自己关在这个箱子里，这个箱子被称作暗箱。外面的光线透过小孔之后，就会形成一个倒立的影像，投射到箱子里。这个影像虽然是倒着的，但它是彩色的，内部的细节也很清晰。

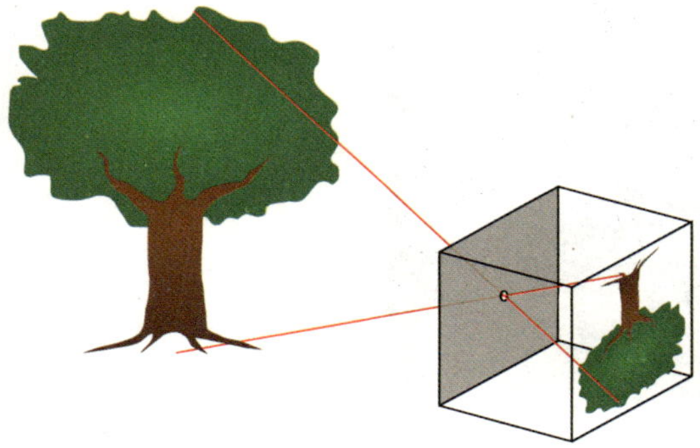

小孔成像示意图

比如，暗箱外有一棵大松树，它的影像会透过小孔投射到箱子的内壁上。这时候，箱子里的画家就能对着内壁描摹那棵松树了。这个方法就叫作小孔成像法。

利用这个方法，画家只要用笔把倒立的影像描一遍，就能精确地还原现场，解决透视关系很难保持一致这个难题。但是，用这种方法画静物没问题，如果用来画人和动物就很难了，因为人和动物不可能长时间保持不动。有没有什么办法能把影像定格住呢？

就在差不多 300 年前，某位德国科学家找到了办法。他发现，有一种叫作硝酸银的物质，在正常情况下是白色的粉末，但只要被太阳光照到就会变黑。所以，如果在小孔成像的暗箱内壁涂上硝酸银粉末，太阳光透过小孔照入内壁，没有被物体影像遮挡的那部分暗箱内壁就会变黑，不需要画家描摹，影像就已经留下来了。不过，这种物质还不够好，因为留下的影像只是黑乎乎的轮廓，缺少细节。

## 达盖尔和塔尔博特——照相技术的发明人

时光荏苒，岁月如梭，又过了 100 多年，到了 1839 年，一种可以呈现细节的摄影方法在法国诞生了。发明人是一位画家，名叫达盖尔。于是这种摄影方法就用画家的名字命名，叫作达盖尔银版法。有了这个方法，我们终于得到了可以拍出照片的照相机。

达盖尔银版法操作起来很复杂，需要用到铜片、银、碘和水银。首先，要磨制一块非常平整的铜片，磨得像镜子一样，然后在上面镀上银，再用碘蒸气熏上一个小时，让铜片上的银和碘发生化学反应，变成碘化银。这时候铜片变成了照相机的底片。

我们把这块铜片插入暗箱里，同样是要利用小孔成像的原理。暗箱的小孔对准要拍摄的物体，就这么放着不动，半个小时之后，就可以把铜片拿出来。这时候，铜片上其实已经留下了物体的影像，但我们什么都看不到，因为这个拍照的过程还没有完全结束呢。

达盖尔于1839年制造的银版照相机

要想看到铜片上的影像，还要用水银蒸气来熏铜片的表面*。熏上几分钟之后，你会惊奇地发现，铜片上的影像慢慢变得清晰起来。别心急，这时候还不能把铜片拿出来欣赏，不然被阳光一照，用不了多久，铜片会变成全黑的，这就功亏一篑了。

所以，得到影像之后，我们还需要用一种特殊的溶剂来冲洗铜片，冲洗后铜片才不那么怕阳光，这时候的影像才算是固定住了。此时，我们终于得到了一张达盖尔银版照片。

照片拍完了也不能掉以轻心，要格外小心地把它保存起来。如果要用密封的相框来保存照片，一张照片和它的相框加起来大约得有 1.5 千克重，相当于小半个普通西瓜的重量。因此，运用达盖尔银版法，无论拍摄还是保存都相当麻烦。

不过，虽然麻烦，但用这种方法照出来的照片效果非常好。今天世界上保留了 8 000 张左右的达盖尔银版照片。现在我们还可以清晰地看到约 180 年前人们生活的样子，是不是很神奇？

到这里，最早的照相机已经发明出来了，但是，若要说达盖尔就是唯一的照相技术发明人，那也不完全对。为什么呢？

因为，达盖尔银版法刚出现不久，英国科学家塔尔博特就发明出第二种方法：用纸、

---

* 编者注：水银蒸气有毒，请注意不可贸然模仿这一做法。

达盖尔在巴黎拍摄的照片

氯化银和浓盐水拍照。利用这个方法拍出来的照片效果不如达盖尔银版法，但是材料便宜、照片轻便，而且不需要使用水银这样危险的化学物品，所以，他的这个方法也受到了很多人的推崇。

塔尔博特的摄影作品

达盖尔和塔尔博特几乎是前后脚发明了照相技术，他俩使用的方法不一样，但是都留下了很多作品，所以今天人们把他俩都当作照相技术的发明人。

当然，照相技术的发展到这里还没有停止，之后的竞争可以说是愈演愈烈。竞争什么呢？简单来说，就是更快、更久、更便宜——怎么更快地留下影像、怎么更久地保存照片、怎么更便宜地照相。

## 彩色照片问世

在很长一段时间里，照片的颜色都很单调。达盖尔和塔尔博特的方法都用到了银盐工艺，拍出来的照片是黑白的；后来有人用铁盐工艺取代了银盐工艺，拍出来的照片是蓝白的。

但是，想要拍出彩色照片可就麻烦了。后来，有人想出了用滤光片拍。滤光片是一种只能让单一颜色的光通过的透明玻璃片，拍照的时候选择红、绿、蓝色的三种滤光片，分别拍一张照片，把拍出来的三张照片印到透明的幻灯片上，最后再把这三张幻灯片重叠到一起，这样就得到了彩色照片。不过，这种方法并不好使，拍出来的照片画面暗淡，而且只能拍静物，所以最终并没有推广到全世界。

那么，真正遍及全球的彩色照片和照相机，是从哪儿来的呢？

在第一张黑白照片出现几十年后，当时的影像行业“霸主”——柯达公司登场了。在 1930—2000 年这 70 年里，柯达几乎就是照相的代名词，这是因为柯达公司发明了用于拍彩色照片的胶卷。

柯达胶卷照相机

柯达的胶卷上存在三层感光材料，每一层都对单一颜色的光敏感，光线可以同时透过所有材料，将潜在影像记录在胶片上。拍照之后要用特定的液体冲洗一下胶片，洗去没有显影的多余材料，把颜色精准地留在相纸上。

那么，2000 年以后，柯达胶卷怎么就没落了呢？这是因为数码相机出现了，使用数码相机没有胶片相机那么麻烦。数码相机的核心工作原理是把光信号转换为电信号，这个过程中不需要任何显影剂，也没有任何化学反应发生，却能快速、准确地还原影像。它强烈地冲击了传统的成像技术，几乎取代了胶片相机。今天，除了摄影爱好者，几乎没人用胶卷拍照了，最终，柯达公司不得不在 2012 年申请了破产。

不过，最近这几年，数码相机的销量也不如以前了，你能猜到为什么吗？答案就是因为智能手机的普及。对普通人来说，手机上的照相功能已经够用了。（不过，人们依然追求高质量的相片，所以手机的照相功能也越来越强大了。）

说来有趣的是，照相机最初是写实派画家为了追求画面逼真而开发出来的，结果，照相机还原得太完美，人们好像也不那么需要写实的画风了。后来，抽象画派兴起。今天，许多现代绘画作品都很抽象，抽象到我们普通人有时候根本看不出画的是什么东西。

# 圆珠笔——了不起的笔尖

写作业的时候，会用到什么笔？低年级的同学可能用铅笔用得比较多，高年级的同学可能已经开始使用中性笔了。中性笔其实就是一种圆珠笔。

所谓圆珠笔，其实就是笔尖使用了滚珠结构的笔。笔尖的这颗滚珠，平常可以堵住墨水，让墨水不会轻易漏出来。书写的时候，笔尖按在纸上，这颗滚珠往里一缩，墨水自然就会流出来了。

今天，圆珠笔已经是人们写字最常使用的笔了，它们大致可以分成油性、中性、水性三类。

中国人喜欢用水性或者中性笔芯，因为写汉字的笔画时有勾勒、有停顿。油性笔芯写起来太顺滑，不太适合书写汉字，而中性、水性笔的笔头能带来明显的摩擦感，很适合勾勒汉字笔画。

有些外国人更喜欢用油性笔芯，比如英国人、美国人，因为他们的文字是字母，油性笔芯书写流畅，更适合书写连贯性比较强的字母。

## 羽毛笔的弊端

圆珠笔的发明是一种必然，因为从前的笔用起来实在很不方便，而需要写字的人又越来越多。外国人以前用羽毛笔写字，羽毛笔是用鸟类的羽毛制作的，通常是鹅的羽毛。这种笔挺好用的，流行了 1 000 多年，但它最大的缺点是：每写几个字就必须蘸一次墨水。

鹅毛笔

蘸墨水不但浪费时间，还影响书写：刚蘸好墨水，墨水量充沛，写出来的字又黑又粗；写着写着，墨水快用完了，写出来的字颜色变浅；重新蘸好墨水，你可能还没来得及写，这墨水就滴到纸上了。对外出办公的人来说，羽毛笔就更不方便了，因为没办法随时随地蘸墨水。

1792 年，出现了第一次改进，羽毛笔用上了金属笔尖。这个金属笔尖跟现在的钢笔头有一点类似，笔头里面是空的，蘸一次墨水能写几十个字，而且字的笔画粗细均匀。加了金属笔尖的羽毛笔，比原始的羽毛笔要好用得多。

## 钢笔诞生了

接下来，人们又想到，如果把笔杆做成中空的，它不就能储存更多的墨水了吗？于是，钢笔就这样诞生了。第一支注册专利的钢笔是 1809 年在英国出现的，这种结构的钢笔一直到今天还有人在用。

不过，它也有很多不方便的地方。比如，吸饱了墨水的钢笔可以写两三千字，普通人日常使用还行，但对一个文字工作者来说还是不够完美，比如记者、小说家，他们每天要写很多字，如果用钢笔写作就得随身带着墨水瓶。而且，最麻烦的是，钢笔经受不住震动，受到震动的话，即便套着笔帽，墨水也可能会流出来，容易弄脏手和衣服。

我以前上学的时候，大家还经常使用钢笔，几乎每个同学的校服上都会沾上墨水。墨水沾到衣服上几乎洗不掉，很让人烦恼。

## 圆珠笔的两次发明

今天我们使用的圆珠笔就方便、好用得多了。最早的圆珠笔是在 1888 年发明的，虽然它已经是笔尖有滚珠的结构，但是设计得还很粗糙。这支笔是用来给皮革做标记的，设计粗糙点也能用，但真要在纸上写字，就不怎么好使了，因为容易漏墨。

圆珠笔的滚珠结构

发明这支圆珠笔的是一位皮革工人，他还注

拉斯洛·比罗与他发明的圆珠笔

册了专利，但直到约 20 年后专利过期，他的这个设计也没有变成产品卖出去。

20 世纪 30 年代，圆珠笔经历了一次再发明，发明者是住在匈牙利的犹太人拉斯洛·比罗。比罗是当地一家报社的记者，负责采访、撰稿、排版，时不时还要去印刷厂监工。他既不能安稳地坐在办公室，又要经常写作，如果用之前的笔，就只能去哪儿都带着墨水，这实在不方便。

当时比罗并不知道约 50 年前有人发明过圆珠笔，他只是自己动脑筋想，希望能做出可以自动加墨的笔。因为经常去印刷厂，所以，他就用印刷厂里的油墨制作了这支笔。

这种油墨跟传统的墨水最大的区别在于：用油墨写的字几秒就干了，而用墨水写的字要等上半分钟左右才能晾干。而且，油墨更浓稠，灌进笔管之后不会像墨水那样容易震出来。所以，用油墨制作的这支笔就比较抗震。

## 比罗用圆珠笔拯救全家

比罗在 19 世纪的最后一年出生，在他成年之前，他所生活的布达佩斯是整个东欧最发达的城市之一。布达佩斯很早就有了有轨电车，到了 20 世纪初，这里已经有了遍布全城的公共照明系统。

布达佩斯市区有一所非常有名的中学，曾经在 20 年间集中培养出了好几个后来的诺贝尔奖得主。可以说，当时的布达佩斯经济繁荣，科学研究和创业的氛围浓厚，在这样的环境里长大的比罗，热爱发明也不是什么稀奇的事。

但是，比罗生活的时代是一个剧变的时代。随着第一次世界大战的爆发，布达佩斯陷入动荡。比罗离开学校后当了一名记者。就是在这样的时代背景下，比罗和他的弟弟一起研究，发明了用油墨灌装的圆珠笔。

1931 年，比罗第一次展示了这个发明，收获了不错的反响，拿到了第一笔投资。经过兄弟俩的不断改进，圆珠笔越来越好用。1938 年，比罗在英国成功注册了专利，还成立了公司。

而这时候，时局依旧动荡，第二次世界大战已经开始，纳粹德国对犹太人的迫害力度也加大了。比罗是犹太人，所以，他们兄弟俩在欧洲也待不下去了，公司没有经营多久就不得不转移。比罗只好逃难到了南美洲的阿根廷。

在随后的几年里，比罗面临着一个艰难的选择：他是放弃自己在公司的大部分股权，将其换成钱把家人接过来，还是继续保留股份，掌握着公司，而把家人留在布达佩斯呢？比罗选择了家人，他把能出售的股份全都卖掉了，最后成功地把一家人都接到了阿根廷。过了不久，德军就攻占了匈牙利，可以说，比罗在千钧一发之际救下了自己的家人。

比罗在阿根廷发布的圆珠笔广告

通过发明换来金钱是常见的，但是，通过发明拯救了全家，这种故事在发明史上就很少见了。比罗凭借圆珠笔的发明专利开了公司，后来卖出了自己的专利和股份。到了晚年，比罗每每谈到当年的这一决定都感到非常欣慰，因为他救下了自己最重要的家人。

## 圆珠笔的普及化和多样化

第二次世界大战之后，很多高精尖的军用技术应用到了民间，比如某些机械加工技术在战后有了更广泛的应用。

1945 年之后，比罗曾经的公司已经开始批量生产圆珠笔了，那时候的圆珠笔很贵，一支笔的价格大约相当于今天的 1 300 元人民币，绝对是奢侈品。后来，圆珠笔加工技术不断改进，圆珠笔的价格也随之降低，慢慢就普及开了。

今天，我们可以很方便地买到不同粗细笔芯的圆珠笔，常见的 4 种规格是 1 毫米、0.7 毫米、0.5 毫米和 0.38 毫米的笔芯。数字代表了笔头钢珠的直径，数字越小，写出来的笔画就越细。

# 圆珠笔生产难度高

别看圆珠笔很普通、很常见，但它的笔尖可不简单，需要一台特殊的机器才能生产。这台机器的机械加工精度达到 2 微米，可以说是世界顶级加工水平。

中国现在每年能够生产全球 80% 的圆珠笔，但我们在 2016 年以前还做不出专门制造笔尖的设备，这种设备要从瑞士进口；当时，不要说中国，全球 90% 的国家都没有这么高的机械加工水平。

笔尖用的钢材也很特殊，它得能承受巨大的压力而不变形，这种压力大约相当于一辆小汽车压在一个乒乓球上那么大。与此同时，它又必须有一定的弹性。

在制作圆珠笔时，需要先把钢珠塞进笔尖，然后再把笔尖的口收缩，让它把钢珠裹住，这就要求制造笔尖用的材料得有一定弹性。既不能被压扁，又必须能变形，所以，这样的钢材很难制造。

是不是对你身边的圆珠笔刮目相看了？虽然一支便宜的圆珠笔才 1 块钱，但制造笔尖所用的机器，还有笔尖所用的钢材，都是有全球顶级技术支持的。在 2016 年之前，中国确实没有能力制造笔尖，不过，今天我们已经研发出了特种钢材和设备，圆珠笔已经可以做到 100% 国产了。

# 纸——造纸术的史诗

你可能从小就听说过，中国古代有四大发明，其中之一就是造纸术。

你可能还听说过造纸术是东汉时期的蔡伦改进的，其实在蔡伦之前，世界上已经有过其他类型的纸了。

最早出现的纸是古埃及的莎草纸，这种纸非常古老，比蔡伦的出生时间还早了3 000年。

这种第一次在世界上流传开来的纸，满足了古埃及民众的一个强烈需求。这个强烈需求和死亡有关。

## 准备《亡灵书》的传统习俗

古埃及人对死亡有自己的解释。他们认为，人死后，有的人会进入极乐世界，就像升上天堂一样，有的人会消失；死者到底是进入极乐世界还是消失，则取决于冥界的奥西里斯和其他42位判官的判决。

于是，为了指引死者如何去见判官，面对判官的质问要怎么对答，半路上遇到妖魔鬼怪要如何保护自己，古埃及人就有了为死者准备《亡灵书》的传统。

最开始，拥有属于自己的《亡灵书》是法老才有的特权。法老就是古埃及的国王，他们在生前就派人给自己修建了巨大的陵墓，也就是金字塔，然后命人把《亡灵书》刻在法老以后要下葬的那间密室的墙壁上或棺材板的内侧。

这样一来，法老死后躺在金字塔里头，他的灵魂就能很方便地看到《亡灵书》，参考这份《亡灵书》的指引，顺利地进入极乐世界。

那么，普通老百姓怎么办呢？老百姓也想死后能去极乐世界，也希望有《亡灵书》陪

莎草纸上的《亡灵书》（局部）

他们下葬，但他们没有金字塔，也没有大型棺材，这《亡灵书》要记在哪里呢？

## 记录在莎草纸上

这时，莎草纸早就出现了。因为莎草纸更便宜易得，用莎草纸记录的《亡灵书》逐渐成为民众的选择。莎草是一种通常长在沼泽地的植物，尼罗河三角洲的莎草可以长到 3 米多高，又粗又长，纤维非常结实。人们把莎草茎的外层剥掉，露出里面的草芯，用草芯来制作莎草纸。

制作的过程很复杂，首先要把草芯切成很薄的薄片，在水里泡几天去除杂质；然后一条压一条地把薄片放好；再盖上亚麻布，用木槌使劲敲打；最后再用巨石把薄片压住、晒干，等到完全晒干后涂一层胶，然后再次晾晒。经过这么多复杂的操作，最终就得到了结实、耐用的莎草纸。

虽然比不上金字塔结实，但莎草纸满足了老百姓书写《亡灵书》的需求。莎草纸并不只是用来记

1838年的图书插画，描绘了一只天堂鸟站在莎草上的场景

载《亡灵书》，还可以用来写书信、官方文书等，因此，古埃及还诞生了一系列新职业，比如抄书人。当时还有培养抄书人的学校，得有认识字的人来抄写各种文书。

同时，莎草纸也为许多行业的人带来了便利，比如给商人记账的会计、给仓库登记出入库的保管员、给法院记录判决文书的书记员等。纸这项发明，带来的不仅仅是纸本身，还促进了文字的传播，为各行各业带来了便利。

## 莎草纸需求量暴增

后来，莎草纸的需求量就变大了，因为除了用来抄写《亡灵书》，要写的其他内容变多了。我们今天能看到的莎草纸，上面写的 90% 的内容都和《亡灵书》无关。

在公元前 300 年左右，莎草纸的产量短期内出现了暴增。当时，古埃及处于托勒密王朝时期，莎草纸成为古埃及重要的出口产品。

以前，其他地方的人通常只能在木板、泥板上写字，现在知道了古埃及人会造纸，他们当然也想用莎草纸了，于是，莎草纸的产量就出现了暴增。

这时候，距离莎草纸诞生已经过了将近 3 000 年，但是，最适合造纸的莎草，还是尼罗河三角洲产的莎草，其他地方的莎草太矮了，不好用。这就导致古埃及的商人能够很方便地垄断这个行业。在公元前 200 年左右，古埃及的莎草纸商人对某些地区减少了出口的莎草纸数量，那些地区的莎草纸变贵了。

如果一个东西的需求量不变，供应量不断增加，那么它的价格就会持续下跌。有的商人为了控制价格，就会故意减少产量，或者保护自己的秘方不透露出去。这么做，短期内能保护自己的利益，但是这不利于技术进步，最终可能导致整个行业一起垮掉。

1385年，用羊皮纸精心装订的德国法典

在古埃及以外的一些地区，既然莎草纸产量少、价格贵，老百姓就会想办法，尽量少用莎草纸，只有写公文的时候才用。后来，另外一种纸也流行了起来，那就是用羊皮制作的羊皮纸。一只羊能生产的皮有限，你可能会想，羊皮纸应该更贵吧？

的确是这样。但是，古埃及商人不是垄断了莎草纸的原料和工艺吗？这一比较，羊皮纸就有优势了。因为只要是能养羊的地方，就能生产羊皮纸，没法儿垄断原料。

所以，羊皮纸就成了莎草纸的替代品。羊皮比较厚实，所以它还有个好处是可以重复利用：把上一次写的内容蹭掉，就可以写上新的内容了。

就这样，从 300 年左右开始，欧洲就一直处于羊皮纸和莎草纸共用的状态。他们不知道，当时的中国已经有了更便宜、更好用的纸了。

## 蔡伦改进造纸术的故事

105 年，蔡伦改进了造纸术。

蔡伦是东汉宫廷里的一名宦官，专门负责制造各式工具。蔡伦办事总是尽心尽力，他不但改进过造纸术，还改进过弩箭的设计，提高了准确度和杀伤力，也算是个了不起的发明家了。

蔡伦

在蔡伦改进造纸术之前，皇宫里书写用的材料要么是竹简，要么是丝绸。竹简特别重，丝绸又太贵。

皇后跟蔡伦说，能不能做一种像丝绸那样轻便，又比丝绸便宜的纸？主人这么一说，蔡伦当然要拼尽全力了。他冥思苦想：怎么才能找到一种比丝绸便宜的纸呢？丝绸除了能写字，还能做衣服，由此，他想起了自己小时候见过的一种非常便宜的布。

蔡伦的老家在现在的湖南耒阳，当时，穷人穿不起用锦缎、棉麻制作的衣服，就把树皮加工成了衣服。这种工艺至少在蔡伦出生前 1 000 年就成熟了。人们会剥一些特定种类树木的皮，先放在水里浸泡去除杂质，然后捣烂，最后把树皮糨糊压平晒干，就成了树皮布；稍微再缝一缝，就做成衣服了。

有的时候，树皮糨糊压得太薄，做出来的布不够结实，没法儿做成衣服，穷人也舍不得扔掉，会用它包东西。这层薄薄的布，是不是就可以当纸用呢？

蔡伦仔细考察了加工树皮布的过程。之后，他参考加工丝绸时用到的水煮工艺，在生产树皮布的过程中增添了一步，就是用水煮树皮，煮过之后再将其捣成糨糊（除了树皮，他还尝试了麻头、破布、旧渔网等多种原料）。

经过改进，最后压出来的那层薄薄的布更加平整了。经过几次实验，蔡伦发现这个方法可行，于是，他就上书皇帝，说自己发现了一种新的造纸方法，皇后的要求达成了。

蔡伦因为改进造纸术，被写进了官方史书里。其实，在他之前，历史上可能有无数的人改进过造纸术，但是这些改造都发生在民间，没有被史书记录下来，所以后人说到改进造纸术的人，想到的就是蔡伦。

那么发明家蔡伦后来怎么样了呢？后来，他卷入了一场宫廷斗争，最终服毒自尽。

明朝宋应星《天工开物》所载中国古代造纸术的步骤之一：煮楻足火

## 造纸术传入西方

最开始，皇家对蔡伦改进的造纸术是高度保密的，工匠造纸的时候都要接受官方监督，防止技术外流。后来，因为一场战争的失败，造纸术才从中国传到了阿拉伯地区。

到 1100 年左右，随着一些阿拉伯文献的翻译、传播，造纸术被带到了欧洲。于是，东方、西方的三种造纸工艺，终于在这个时间点碰面了。

比起羊皮纸和莎草纸，经过蔡伦改造的东方纸张实在太便宜了，原料取之不尽，树皮、木头、竹子、杂草的纤维都能用来造纸。虽然这种纸不如羊皮纸耐用，但制作成本低，所以，慢慢地就成了主流。

在 19 世纪之前，欧洲的纸质量较差，甚至还不如中国人在几百年前的北宋时期造的纸。但到了 19 世纪以后，欧洲的化学工业突飞猛进，纸张的质量也提高了很多。这时候，人们用了几千年的莎草纸和羊皮纸就彻底退出了书写市场，成为历史。

# 象棋——战争的模拟

你会下象棋吗？你知道象棋为什么叫“象棋”，而不是“老虎棋”“狮子棋”吗？其实，叫“象棋”的棋类游戏有好几种，最基本的有国际象棋和中国象棋。接下来，我们先来看看国际象棋是怎么被发明出来的吧。

## 国际象棋的起源

关于国际象棋的文字记录最早出现在 7 世纪，距离现在大约 1 400 年。而根据国际象棋的相关传说，国际象棋出现的时间还要更早。

那个传说里讲，在古印度地区有个王国，他们的小王子死在了战场上，小王子的哥哥侥幸活了下来，哥哥回家后，为了给母亲讲清楚当时战场上发生了什么、弟弟是在怎样的情形下牺牲的，就拿道具摆出了一个像棋盘一样的东西，这个东西就是国际象棋的雏形。

后来，这种模拟战争场面的布局被用在思维游戏中，并有了走子的规则，这种棋类游戏就演变成了国际象棋。

## 国王赏不起的麦粒

关于古印度的象棋，还有一个非常有意思的故事，是 13 世纪的阿拉伯学者记载的。

自从这种象棋被发明出来以后，古印度的国王就非常痴迷。他觉得应该大大奖励发明这个游戏的人，就把发明者西萨召进宫来，跟他说：“你发明的这个象棋游戏太棒了，本王允许你提一个要求，无论是什么我都可以满足。”

西萨进献象棋（想象图）

西萨想了想，说："陛下，我的要求很简单，您只要给我一粒一粒的麦子就可以了。请依照棋盘的布局，在第一个格子里放 1 粒，第二个格子里放 2 粒，第三个格子里放 4 粒，第四个格子里放 8 粒，第五个格子……"

没等西萨说完，国王就哈哈大笑起来，说："西萨啊，你这个人说话真是啰唆得很，不就是每个格子里放的麦粒数都是前一个的两倍吗？"西萨点点头说："是的国王，我就是这个意思。"

国王觉得这个人很有意思，不要金银财宝，也不要奴隶仆人，偏偏提出这么一个要求。棋盘上放满麦粒？那也太简单了。国王说："西萨，你可不要后悔。"于是，他就命令侍从抬了一袋麦子进来，按照西萨的要求一格一格地摆放起来。

结果，前几个棋盘格子里还能放得下麦粒，从第八个格子开始，一个格子已经容不下那么多麦粒了，因为第八个格子要放 128 粒麦子，侍从只好拿来一个小酒盅继续盛麦粒。到第十六个棋盘格的时候，就不得不用一个大碗来装了；到第二十二格的时候，侍从推来了一辆手推车；到了第三十格，皇宫外已经停了十几辆马车等着拉粮食了。

这种象棋的棋盘是横向 8 个格、纵向 8 个格，一共有 64 个格子，现在刚刚装到第三十格就已经把附近的一个粮仓掏空了，继续摆下去，恐怕全国的粮食都不够填满最后一个格子的。你到中学的时候会学到，这个 $2\times2\times2$……的问题其实涉及一个重要的概念：指数。

第六十四个格子上要放的麦粒数量，就是 63 个 2 乘在一起，算出来，这个数字大约是 920 亿亿。注意，不是 920 亿，是 920 亿亿，这真是一个天文数字。而且，这还只是最后一个格子里的麦粒数量，如果把 64 个格子里的麦粒都加在一起的话，大约是 1 800 亿亿粒。哪怕数麦粒的侍从每秒钟能数 10 粒，他要清点完 1 800 亿亿粒麦子，需要的时间也比整个宇宙存在的时间长很久很久。

那么，国王最终是怎么收场的呢？这个故事的结局有好几个版本，我比较喜欢的版本是：国王反应了过来，当场承认自己的无知，邀请西萨留在自己身边当了谋士。

这个故事可能是后来的人杜撰的，不过，当时的象棋棋盘的确是 8 行 8 列的样式，现在的国际象棋也是这种样式。

国际象棋

## 为什么叫作“象棋”

到这里，我们了解了国际象棋棋盘的模样，但还不知道它为什么叫“象棋”。在很早之前，象棋在古印度的名字叫“查图兰加”，意思是 4 个兵种。哪 4 个兵种呢？第一种是步兵，第二种是骑兵，第三种是战车，第四种是大象。

步兵、骑兵、战车都好理解，怎么大象也是兵种呢？因为，古印度战场上有非常特别而重要的象兵。士兵在大象的背上放置一个座位，打仗的时候就坐在上面，指挥大象在战阵中横冲直撞。一头成年公象的体重能达到 5 吨，跟一辆轻型卡车差不多重。

在古代人还靠刀剑面对面战斗的时候，大象的力量谁也挡不住，况且，骑在大象背上的士兵还可以往下投掷飞镖。要么你也有大象，让它们对打；要么你就只能点火把，弄出巨大的噪声来吓唬大象。

象兵历史悠久，从 3 000 多年前到 400 多年前，一直活跃在战场上。这就是“象棋”中这个“象”字的来历。

## 阿拉伯人讲述的故事

象棋在古印度地区发明出来之后，很快就往西传到了附近的萨珊帝国。在不久后，阿拉伯人征服了萨珊帝国，象棋这种智力游戏也随之传到了阿拉伯地区。在阿拉伯地区的古书里记录了不少和象棋有关的故事，有些故事甚至还配有如何走棋的棋谱。

有个故事是这么说的。一个年轻的阿拉伯王子对象棋如醉如痴，下棋水平也还不错，他自认为是天下第一，于是发布公告，愿意接受任何人的挑战，说只要战胜了他，就可以赢得金条和自己的爱妃。很多高手听说后都来挑战，王子把他们都一一击败了，直到遇见了一个真正的高手。

当时，他的爱妃在旁边看着棋局，知道情况不妙，她实在不想在这盘棋结束之后被一个陌生人领走，于是就轻声哼唱起一首歌：不要牺牲我，去牺牲你的两个车吧，让你的象勇敢前进，推动你的士兵，然后用你的战马踩踏对方。这首歌实际上是在给王子提示。

听到爱妃的歌，王子明白了应该怎么反败为胜，最终赢下了棋局，保住了金条和爱妃。这个故事很简单，但妙在旁边配了棋谱，展示了故事里王子处于劣势时的那盘棋。这类棋局叫作残局，也就是把别人已经下了一半的棋摆在你的面前，让你思考接下来怎么办。这是棋类游戏的一种玩法。

## 中国象棋

刚才说到象棋从古印度出发往西传播，其实它也往东传了。有学者认为，唐代学者牛僧孺根据古印度的象棋发明了中国象棋。中国象棋和国际象棋的重要区别在于，中国象棋的棋子走的是线与线的交点，而国际象棋走的是格子；国际象棋中的国王变成了中国象棋中的将军，棋子也从立体的小雕像变成了扁平的圆棋子；中国象棋还增加了一个新的兵种——炮兵。

在宋朝之前，中国人很喜欢玩的棋类游戏是围棋。宋朝时，中国象棋迅速普及开来，后来超过围棋成了最受大家喜爱的棋类游戏。你可能了解过象棋和围棋这两类棋的下法，在一局棋里，象棋的棋子会越下越少，而围棋的棋子会越下越多。

这意味着，象棋的复杂度会比较低，下一局棋的用时比较短；而围棋的复杂度会比较高，下一局棋需要的时间也更久。所以，对普通百姓来说，想体会下棋的乐趣，象棋的门槛比围棋要低得多，所以象棋就迅速普及开了。

# 人机对抗

后来，象棋成了正式的体育运动项目。1997 年 5 月，象棋历史上最重大的事件发生了，这个事件的意义堪比象棋被发明出来。什么事件呢？就是由国际商用机器公司（IBM）打造的计算机打败了当时的国际象棋世界冠军。而且，计算机的算力还会不断增长，人和计算机在下象棋上的差距只会越来越大。

自从这个事件之后，象棋界的所有高手都认识到，人类在这个游戏上不可能战胜计算机了，一些棋手还因此心灰意冷。实际上确实如此，今天，一台算力足够的计算机可以同时和几名国际象棋大师对战，而且 100% 取胜。但是，从另一个角度来看，我们不是正好可以用计算机训练人类棋手吗？人类棋手依然可以很开心地和人类棋手对抗，毕竟，象棋本身很好玩。

IBM打造的计算机和国际象棋大师卡斯帕罗夫

那么，跟人类棋手下棋的时候，怎么才能赢棋呢？想赢棋，那你至少得多往后算 3 个回合。一般来说，初学者只会考虑对手下一步走什么，走哪儿，然后做出应对，这是多往后算了 1 个回合。普通玩家会再往后算一步，想想自己下一步走完，对手会怎样应对，对手下完以后我再怎么办，这就是往后算 2 个回合了。

如果你能再往后算 1 个回合，即能算 3 个回合，那么你的棋力在普通玩家里就是很不错的水平了。刚刚提到的 IBM 打造的那台计算机可以提前计算后面 12 个回合的走棋方式，而它的对手——人类国际象棋冠军只能计算后 10 个回合的情况。所以，实力差距就是这么来的。

不过，对手每一步的走法会有多种可能，比如，如果对手下一步的走法都有 3 种可能，3 个回合中他的走法就有 27 种（即 3 × 3 × 3 种）可能。你要在脑子里分析 27 种情况，这确实困难，所以，最开始练习的时候你可以准备一支笔，先记一记。习惯之后，你也许就能成为象棋高手了。

# 扑克牌——牌上的图案都是怎么来的

你知道一副扑克牌有多少张牌吗？

算算看，扑克牌除了大、小王这两张副牌，其他的牌有 4 种花色，分别是黑桃、红桃、梅花、方块。每种花色有从 1（即 A）到 10 点的 10 张牌，加上 J、Q、K 等 3 种带着人像的牌，也就是说，每种花色有 13 张，4 种花色就是 52 张。52 张正牌加上 2 张副牌，一副扑克牌就有 54 张。

这么复杂的扑克牌是怎么被发明出来的呢？

## 扑克牌传入欧洲

随便拿一张带人像的牌看看，你会发现，上面画的人挺像欧洲人的。但是，历史学家发现，最早的扑克牌其实跟欧洲没什么关系，它是在亚洲出现的，跟象棋一样，也是后来经阿拉伯地区才传入欧洲的。

至于扑克牌的前身是哪种游戏的牌具，我们就找不到确凿的证据了，有人说是从印度、波斯的卡牌演变而来的，也有人说是从中国的麻将演变过来的。不过，我们可以确定的是，在距今 600 年前的意大利地区，已经出现了有 52 张牌的扑克牌，只比今天的扑克牌少 2 张。当时的 52 张牌也是分 4 种花色，不过花色跟今天的不一样，不是黑桃、红桃、梅花、方块，而是剑、棍棒、杯子和硬币。

随着贸易往来，这种牌很快从意大利传到了欧洲其他地区，各地改良的扑克牌有不同版本的 4 种花色，比如动物、厨具、树叶、铃铛等。那时候的扑克牌都是手工绘制的，非常精致，也比较贵。

扑克牌传到法国后，法国人没有往奢华的方向去发展扑克牌，而是大大简化了绘制的

传统的西班牙扑克中的花色

法式扑克牌

步骤。他们把牌分成了红和黑两种颜色，花色也固定为今天的 4 种，用非常简洁的符号来表示。

因为符号简洁、颜色简单，扑克牌就可以直接用木版印刷技术来印制了。这种价格低廉、产量巨大的法国扑克牌很快就成了市场主流。根据那时候的统计，当时欧洲 99% 的扑克牌是法国的版本。

后来，一副牌分 4 种花色、每种花色 13 张牌的模式就这么定下来了，之后的改动都是在这个基础上进行的。那为什么是 4 种花色、每组 13 张牌这样的组合，而不是 6 种花色、每组 10 张牌之类的搭配呢？有人认为，因为这 4 种花色代表了一年四季，红桃代表春，方块代表夏，梅花代表秋，黑桃代表冬；而 52 张牌则代表了一年的 52 个星期，每个季节有 13 个星期。

## 独特的黑桃 A

那么，为什么黑桃 A 长得跟其他 A 都不一样呢？代表冬季的这第一张牌有什么特别之处？它的特别之处在于，它是作为缴税凭据及防伪措施的。扑克牌传到英国之后也很受欢迎，扑克牌生意很好，国家需要收税。为了防止扑克牌厂商少缴税，英国就要求厂商不许自行生产黑桃 A 这张牌，而是统一由税务部门生产。

独特的黑桃A

这样一来，厂商要凑齐一整副牌就必须去税务部门领这张黑桃 A。厂商缴几副牌的税，税务部门就给它发几张黑桃 A。于是，黑桃 A 就有了精美设计，这个传统后来也保留了下来。

## 人像牌上的代表人物

至于有人像的 12 张牌，这些人物形象是随便画的吗？最开始可能是。后来，法国制造商给人像牌贴上了知名人物，这样，每张牌都有了代表人物。我们拿 4 张 K 来举例，看一下上面的人物都是谁。

我们按照象征春夏秋冬的花色来梳理一下。

第一张是象征春季的红桃 K。它代表的是约 1 200 年前的查理曼大帝，他被称为“欧洲之父”，因为他曾经统治了很大一片领土。到了他的孙子辈，查理曼帝国分成了三个地区，这就是日后法兰西王国、意大利王国和德意志第一帝国的雏形。

第二张是象征夏季的方块 K。这张牌代表的是古罗马的凯撒大帝，他拿着一把战斧，象征着征服。值得一提的是，方块 K 上的人像是侧脸的形象，这是因为，在 2 000 多年前凯撒大帝执政时期，古罗马钱币上印的就是他的侧脸，这个形象非常经典。

第三张是象征秋季的梅花 K。它代表的是亚历山大大帝，他是马其顿的国王，比刚才说的凯撒大帝还要早出生 250 多年。亚历山大大帝创建了跨越今天欧洲、非洲和亚洲的庞大帝国。

第四张是象征冬季的黑桃 K。它代表的是以色列国王大卫。大卫王生活的年代距今大约 3 000 年。《圣经》里记录了他曾经战胜过巨人歌利亚的传说，是非常著名的人物。

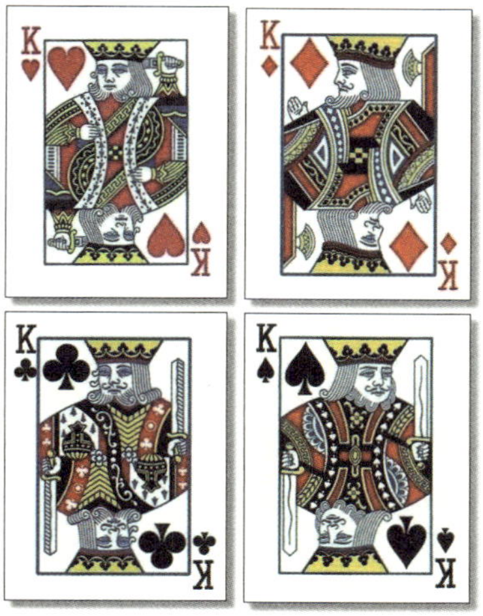
4 张 K

4 种花色的 K 对应着 4 位国王，之所以叫 K，就是因为国王的英语单词是 King。Q 则是皇后 Queen 的首字母，4 张 Q 代表的是 4 位美丽、勇敢的女性人物；J 是 Jack 的首字母，代表 4 位战功赫赫的骑士或者护卫。

想不到吧？扑克牌上这些形象居然对应了有名的人物！如果你感兴趣，可以自己再查查 Q 和 J 代表的都是哪些人物。不过，扑克牌商家虽然藏了这层小心思，却不太想让玩扑克牌的人看出来，所以没有写明这些形象代表的是谁。为什么呢？这也跟一段历史有关，那就是 200 多年前的法国大革命。

在法国大革命之后，废黜国王、独立建国的想法逐渐扩散到东欧、美洲、亚洲、非洲等地。一些国家很抵制国王或者皇帝的存在，如果发现谁有拥护国王的倾向，那个人可能就会被送上断头台。

扑克牌上是有国王的形象的，会不会被人误会成想拥护国王呢？扑克牌生产商当然不想惹麻烦了，所以他们就小心谨慎，从设计到宣传，都尽量避免引导大家联想到著名国王。他们把牌面上的头像设计成一个个卡通形象，抹掉了旧有的象征意义。

不过，你可以仔细看看他们手里拿的武器以及他们的发型和穿着，聪明的你肯定可以找到差异的。

那么大、小王这 2 张牌又是从哪儿来的呢？它们是大约 150 年前在美国出现的，原因很简单，只是因为卖扑克的人发现，经常有人弄丢一两张牌。一副牌 52 张，丢了一张就没法儿玩了，于是，厂商就额外给大家提供了 2 张替换牌，如果你丢了某一张牌，还可以用替换牌来代替。这 2 张替换牌就是大、小王牌。

实际上大部分人不会丢牌，大家就想把这 2 张牌也利用上，于是它们的加入带来了许多新玩法。到了这一步，扑克牌最终变成了我们今天看到的样子。

# 信息技术篇

科学的构想是现代生活的底层逻辑

# 货币——钱越多就越富有吗

你有零花钱吗？不同年代的人对钱的第一印象是不一样的，今天，我们说到钱的时候首先想到的会是支付宝这类应用程序里的数字；如果在几十年前，大家说到钱的时候，想到的一定是各种颜色的纸币；再早一些，在 1 000 年前，大家会认为钱就是黄金、白银和铜板。

刚才我们提到了 3 种类型的钱：支付宝里的数字（这种叫作电子货币）、纸币和金属货币，它们之所以都能当钱，是因为它们的作用很相似。

## 假如没有货币

那么钱能干什么呢？你可能会说，这还不简单嘛，钱能买东西。可是，你往深处想一想，凭什么钱能买到东西呢？如果我们生活在一个没有钱的世界，生活会变成什么样呢？

其实很久以前的社会就是这样。想象一下，在 1 万年前，你是叙利亚的一个农民，正在收麦子。

这时候，突然有个陌生人朝你走过来。那你肯定会很警觉：他是要抢我的粮食吗？陌生人看你很紧张、很害怕，他赶紧把手里的 2 条鲜鱼举了起来。原来，他不是来抢东西的，他只是想拿 2 条鱼来跟你换粮食。

正好，你家今年收成很好，粮食很多，但你又不会捕鱼，你也很乐意拿粮食换鱼。你拿到了鱼，陌生人拿到了粮食，你俩都开开心心地回家了，好像不用钱也没什么不便。

别急，你接着往下想象。陌生人回去以后，就跟自己村里的人说，邻村那个某某，他家的粮食又多又好，大家可以去找他换粮食。于是，很多人就跑来找你换粮食。

要是你不想要他们带来的东西怎么办呢？他要是拿个恐龙蛋化石来跟你换，这种奇奇

这是一幅创作于1555年左右的版画，画中北欧人（左边）正在与俄国人（右边）做实物交易。北欧人提供鱼干、面粉、斧头等物，俄国人提供兽皮、黄油、弓箭等物

怪怪的东西你也不需要，你当然就不跟他们交换了，特地跑来换粮食的人就白跑了一趟。

有的人虽然没白跑，但他觉得特别亏。怎么回事呢？最开始，陌生人用 2 条鲜鱼跟你换了 1 罐粮食，后来，又有人用 1 枚火石跟你换了 1 罐粮食，那按理来说，1 枚火石应该就能换 2 条鲜鱼对吧？可这个有火石的人，上次是用了 2 枚火石才换到 2 条鲜鱼的！他觉得自己亏了 1 枚火石。

要想不吃亏，人们就必须把所有东西的换算关系都给记下来，比如，1 枚火石可以换 2 条鱼，1 枚火石可以换 1 罐粮食，1 罐粮食可以换 3 双鞋，等等。

如果有 100 种物品可以交换，不同的交易组合数就有接近 5 000 种，它们的换算关系都要记下来；如果有 1 000 种物品可以交换，那不同的交易组合数就有约 50 万种！要记这么多换算关系，也太难了吧！没有钱的世界，就是这么麻烦。

这是一块苏美尔人的泥板，上面记录了一些交易情况

在苏美尔人留下来的泥板上，考古学家就发现了类似的交易记录，有的泥板距离今天大概有 5 000 年。今天，世界上的东西更多了，如果我们没有钱，要怎么制定它们的交换规则呢？那样的世界，简直没法儿想象。

## 钱币的出现

到了约 4 000 年前，人们发现了银子。银子的开采和冶炼很费力，而且用它能打造出好看的首饰，所以，人们就把它看作贵重的金属，把它当作钱，用它交换一切物品。

有了钱当媒介，先前无法达成的交易就可以实现了。如果有人想找你换粮食，他可以给你银子，拿钱来换你的粮食。这样一来，物品的换算关系也变得简单了。

前面说过，1 000 种物品互相交换时会产生约 50 万种换算关系。用上了银子后，我们只需要记录每样东西多少钱就可以了。所以，钱的出现，大大提升了交易的效率。

中国商代的贝币

最早的钱币有金、银、铜、玉石、贝壳等材质，它们的特点是稀有、容易分割，而且不容易变质，用来当钱挺靠谱的。但问题是，这些钱币其实没有什么用，它们又不能拿来吃，凭什么就能用来换粮食呢？原因很简单：人们相信钱有交换物品的能力。

一方面，人人都这么做，整个社会就形成了习惯，交易起来很方便；另一方面，当地有话语权的人，比如国王，规定了钱有价值，如果谁有意见，那他就是跟有话语权的人过不去。

于是大家都相信了钱具有价值，时间久了，很多人甚至产生了错觉，把钱直接当成最有价值的东西。

你听过“金手指”的故事吧？国王米达斯喜欢金子，想要拥有点石成金的能力。他获得这个能力之后，他碰到的东西都会变成黄金。结果，米达斯连饭都吃不了，因为手指一碰到食物，食物就变成了金子。后来，他拥抱了他心爱的女儿，结果宝贝女儿也变成了小金人。把黄金当作价值核心，这是有问题的。

这是一幅出版于1893年的插图，表现了米达斯国王碰触到女儿时，他的女儿变成了一尊金色雕像的场景

## 货币系统崩溃

约 4 000 年前，银币出现了；到了大约 500 年前，西班牙殖民者在美洲发掘出了几个特大银矿，在之后的 100 年里，殖民者疯狂地往西班牙运送白银，但结果西班牙老百姓的生活质量反而下降了，大家的生活更加困苦了。

为什么呢？因为钱的作用其实相当于一把尺子，人们用它测量不同物品的价值，而这把尺子本身不能当饭吃。

所以，白银的总量突然暴增，那每一份白银所对应的物品价值就要减少，相对来说，粮食、衣服和其他各种东西就更贵了。老百姓手上的钱可没有变多，东西贵了，大家的日子自然就不好过了。于是，西班牙的货币系统就崩溃了。

不过，既然钱是一把“尺子”，那也不一定非要用金子、银子来代表，换成一张纸也没什么区别吧？是的，纸确实可以用来当货币。纸比金银要轻得多，商人的口袋里可以装下一沓纸币，轻轻松松地出门。最早的纸币在约 1 000 年前就出现了，而且是在中国。

## 纸币的出现

纸币是在中国的北宋时期出现的，最早的纸币叫作交子。交子能当白银用，后来，发行交子的人就想：如果我们多印一些纸币，那不就发财了吗？于是，交子越印越多。

你看出问题了吗？没错，交子多了，交子这把“尺子”能代表的价值就变少了，百姓很快就察觉到，用同样的交子能买到的东西越来越少了。于是，大家赶紧想办法甩掉手里的交子，把纸币花出去，而商家也不愿意接受顾客用交子付款了，因为交子不值钱了。

结果，使用交子的地方，经济被搞垮了，最早的纸币被淘汰掉了，人们又用回了金属货币。

人们到底怎么衡量纸币应该印多少呢？很多人给出的答案是：以黄金或者白银的储备量为准。

北宋的交子是中国最早发行的纸币，也是世界上最早使用的纸币

一个国家的货币量应该取决于这个国家的所有黄金或者白银的储备量。听起来这个方法比较靠谱，但是，最近 100 年，科技快速发展，导致全世界的商品数量增加了，增幅可能是几百倍，而黄金或白银的数量并没有增加那么多。

假设原本全世界所有黄金的价值都能对应到全世界的所有商品上，现在商品数量翻倍，但黄金数量没有变多，所以货币数量也没有变多。比如，原本 10 块钱能买 1 双鞋，过了一年后，我用 10 块钱竟然可以买 3 双鞋了。晚一点花钱，我竟然就多买了 2 双鞋。那我当然是越晚花钱越划算。

如果所有人都这么想的话，大家就会倾向于存着钱不花，就没有那么多人愿意买东西了，也没那么多人愿意开工厂、投钱生产了，整个社会就会死气沉沉的。

所以，一个国家如果只看黄金总量来衡量自己纸币应该发行多少，是不可行的。货币发行的多少必须按经济发展规模做适度调整，商品变多了，那么纸币也应该相应地变多。

不过这也存在风险，因为很容易导致滥发纸币。非洲有一个叫津巴布韦的国家，他们那里单张纸币的最大面额曾经达到了 100 万亿，而我国纸币的最大面额是 100 元。当时，津巴布韦也是货币系统崩溃了。

津巴布韦100万亿面额的纸币

## 真正有价值的东西

我们已经讲了货币系统崩溃的 3 个例子，聪明的你一定已经看出，这 3 次崩溃是有共同点的，就是人们错误地以为钱的数量越多就代表越富有，所以执着于增加钱币的数量，比如开采更多银子、发行更多纸币，等等。但实际上，真正有价值的是商品，而不是钱本身。希望你记住：钱，无论它是纸币还是金币，都不是真正有价值的东西。

从大约 50 年前开始，电子货币出现了，它特别方便，很快发展了起来。今天，中国使用电子支付的成年人比例超过 82%，而且这个比例还会继续增加。电子货币其实就是账户里的一串数字，它代表了你能从银行取出的最多的钱。

# 银行——影响战争进程的财富堡垒

你去过银行吗？就算没去过，我猜你对银行也不会感到陌生吧。

几乎每个城市都有很多银行，它就像个“大钱箱子”，保管着人们的钱财。大部分人眼里的银行，就是一个存钱和取钱的地方。

其实，存钱和取钱只是银行最基本的功能，它还有一个更重要的作用。是什么呢？这就得从银行的诞生开始讲起。

## 有钱人的烦恼

在大约 800 年前，欧洲的一些有钱人总是愁眉苦脸的，因为他们常常不知道把自己的钱放在哪里好。假设有一位农民，我们叫他道奇，道奇获得了大丰收，他把粮食卖掉，赚了很多钱。

那时候的钱还是金币、银币这样的金属货币。要是你有一大堆金币，直接把它们堆在客厅，碍手碍脚不说，还不安全，万一家里来了小偷怎么办。这时候，道奇就需要给他辛辛苦苦赚来的金币找一个安全的地方存放。

当时欧洲有专门制造金币、银币的造币厂，有些造币厂不仅能制造钱币，还能帮人们储存钱币。造币厂有专门的安保措施，肯定比放在家里安全多了。

所以，道奇可以把自己的金币存在造币厂，然后造币厂就会给他一份证明，上面写着时间、地点、存了多少金币这样一些信息。等什么时候道奇想取出他的金币，带上这份证明去就行了。

后来，越来越多的人把金币存在造币厂里，直到有一天，大家发现，造币厂也不安全了。为什么呢？因为大家都把钱存在里面，造币厂的金币越来越多，被强盗盯上了可怎么办。而且，一些人需要出门做生意，存在造币厂里有时很不方便。

这时候，有些人就需要换一个地方来存钱，这个地方最好既能方便大家存钱、取钱，又是一个商业比较发达的地区，不耽误大家做生意，当然，最重要的是安全。

那么，有没有这样一个既安全，商业又比较发达的地区呢？有，这个地方就是威尼斯。

威尼斯是地中海的一个重要港口，商业和手工业都很发达，是繁荣的贸易中心。你可能还听过它的外号——“水城”，因为它是由许多小岛组成的，到处都是水路，出行主要靠划船。

如今的威尼斯是意大利著名的旅游城市。不过，如果你熟悉历史的话，就会知道，在 12 世纪，世界上还没有意大利这个国家。当时的威尼斯已经是一个富庶的商业国，社会相对稳定，东罗马帝国对它已经没有什么约束力，而且，威尼斯的地理位置很优越，各国的商人都来这里做生意，很多人都会来这里存钱。

你看，威尼斯既方便做生意，又相对安全，太适合人们把钱存在这里了，所以，银行就自然而然地诞生在这里了。

这是意大利风景画家卡纳莱托创作于约1738年的作品，呈现了“水城”威尼斯的一角

# 皇室的贷款

我们在最开始说过，银行的功能可不只是存钱、取钱这么简单，银行还有一个特别重要的作用：借钱。举个例子来说明一下，假设你要买房子，但是钱不够，还缺 100 万，怎么办呢？你可能会找人借钱，对不对？这个时候，我们就可以向银行借钱。

当然了，银行不会白借给你钱的，你借走 100 万的同时，要向银行承诺在 2 年之内还给银行 120 万，也就是说，银行通过借钱给你，赚到了 20 万。借钱，然后赚取利息，这就是银行的一大重要业务，它有个专业的名字，叫作贷款。

看到这里，你可能会问：银行里的钱都是别人存进去的，银行哪儿来的钱借给我呢？

其实，银行有足够的钱用于贷款，原因之一就是绝大多数人把钱存到银行里之后，一时半会都不会取走。我们假设一个商人在银行存了 100 万个金币，对于银行来说，其中 90 万个金币都是可以放心地借出去作为贷款的，只留下 10 万个金币，满足顾客日常取钱的需求就可以了。

当然，这也需要银行的存款规模足够大才可以，如果银行的存款总共只留下 10 万个金币，其他的钱都借出去的话，万一来了几位大客户，他们都要取走自己的金币，银行又拿不出来，那可就麻烦了。

威尼斯银行的资金规模很大，基本上不用担心拿不出钱来，银行家通过贷款赚到了很多钱，他们的财富真的可以用“富可敌国”来形容，很多欧洲皇室成员的个人财富还没有威尼斯银行家一个月赚的钱多，更不用说那些为温饱而努力的普通人了。

14世纪的一份手稿，描绘了威尼斯银行家的形象

当时在欧洲其他地区生活的普通人是不会去威尼斯银行的，他们的积蓄可能连去威尼斯的路费都不够。

那么，当时都是什么样的人会去威尼斯银行存钱、取钱或者借钱呢？那些去银行借钱的人，要那么多钱干什么呢？其实，那时候去银行贷款的，除了商人，还有欧洲的那些皇室成员和贵族。

那时候两个国家要开战，要做的第一件事就是筹钱。有了钱，才可以给士兵发薪水，给军队买武器，所以那些皇室成员和贵族去威尼斯银行借钱基本上都和打仗有关系。幸好威尼斯是个独立的地区，不受其他国家约束，不然一旦开战，人们存在银行里的钱就又不安全了。

威尼斯银行的守卫全副武装，来自欧洲各国的精英们只能在守卫的注视下，老老实实地坐在银行门口的长凳上，盼着银行能把钱借给自己。因为银行最终会把钱借给谁、借多少，可能决定了这些国家的战争局势。所以，贷款不仅是银行的重要功能，还对那些影响欧洲历史进程的战争有很大的影响。

值得一提的是，王公贵族们排队借款时坐的长凳，在意大利语中叫 banca，后来这个词演变成英语中的 bank，bank 的中文意思就是“银行”。

**创意延展**

### 关于银行你应该知道的事

首先，现代银行的前身最早诞生在威尼斯，威尼斯发达的商业和森严的保护措施为银行的诞生提供了很好的条件。

其次，银行重要的一大功能是贷款，贷款可以让银行赚到钱，从而可以稳定地运转下去。

最后，最初到银行借款的主要是欧洲各地的皇室成员和贵族，他们借款的目的是支持战争，所以银行对当时欧洲的战争局势也有很重要的影响。

# 银行卡密码——怎么证明卡里的钱是你的

前文介绍了银行诞生的过程，我们知道了银行的作用不仅仅是存钱和取钱，它还有一大作用是贷款。

不过这是站在银行的角度来说的，对大家来说，应该很少有人会天天去银行借款，我们去银行最常做的还是存钱和取钱。

现在取钱很方便，不管是通过网上银行，还是在银行的 ATM 机上操作，只要输入正确的密码，就可以取出钱来。你能想象要是没有密码的话，去银行取钱会有多少麻烦事吗？要知道，在银行出现之后的 700 多年里，没有密码带来的麻烦可是一直困扰着人类呢！

## 简单的纸质凭证：契约书

故事还是从约 800 年前的威尼斯讲起。还记得前面提过的那个农民道奇吗？他后来把通过卖掉粮食赚来的一大笔金币，放心地存在了威尼斯银行里。存钱的时候，银行跟道奇签了一份简短的契约书。契约书上有一个编号，上面清清楚楚地写着，道奇在银行里存了多少金币，什么时候存的，并且向道奇承诺，不管他什么时候来银行，只要带着这份契约书，就可以取走这些金币。

契约书一共签了两份，道奇留下一份，另外一份留给银行。道奇以为，这下应该高枕无忧了，谁想到麻烦才刚刚开始。道奇带着契约书，开心地去酒馆喝了个痛快，很快就喝醉了。等醒来的时候，他傻眼了：糟糕，契约书不见了！

道奇急坏了，要是有人拿着契约书，去银行把他的金币都取走，那可就糟了。道奇急急忙忙赶到银行，要把自己的金币全都取出来。你猜银行会把金币给他吗？当然不会了，因为契约书上清清楚楚地写着，要取走金币，得带着契约书才行。银行只认契约书，不认人。

道奇的契约书丢了，就相当于他的钱也丢了个干净。现在看来，尽管威尼斯银行有层层保护，但是他人光凭一张契约书就能取走钱，钱放在里面还是不够安全。

## 存折的出现

的确是这样，在银行出现后的 700 多年里，密码一直都没有出现。人们去银行取钱，一直都是带着存钱的契约书，也就是带着一个书面的凭证去取钱的。到了 19 世纪，这个取钱的凭证变成了存折。存折现在用得比较少了，以前比较常见。

存折就是一个小本本，大小和现在的手机差不多，通常有十几页纸。存折都有一个编号，相当于之前契约书的编号，每一页都记着存进来多少、取走了多少，非常详细。在存折刚出现的时候，人们不需要密码就能去银行取到钱。

银行里虽然存着你的钱，但是契约书或者存折只能证明钱在银行里，没办法证明钱是你的，而不是张三、李四或者王五的，换句话说，要是存折不小心被弄丢了，别人可以去银行轻轻松松地把里面的钱全都取走。

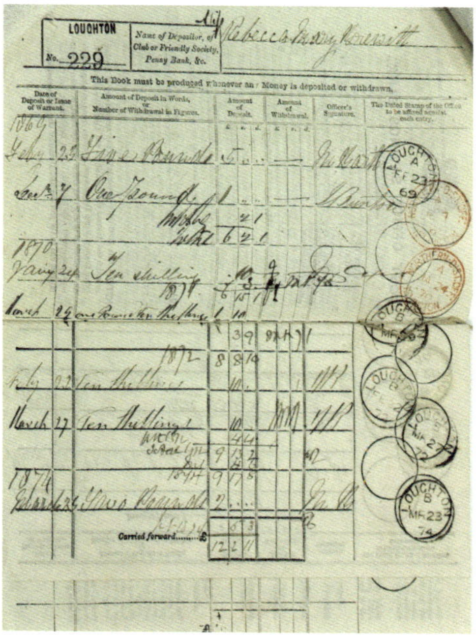


19世纪的英国存折

## 特别的“笔迹密码”

后来，银行用了一个特别直接的办法。他们在帮人们存钱的时候，增加了一个签名的环节。想象一下，农民道奇穿越到了 20 世纪中期，去银行存钱时，银行除了会给道奇一张存折，还会让他在一份合同上签下名字。

银行要这个签名可不是为了知道道奇姓什么叫什么，而是要留下他的笔迹。这样，别人拿着道奇的存折来取钱的时候，还需要签名，银行会拿着签名去核对，如果和道奇存钱时留在合同上的签名笔迹不一致，他是取不走钱的。

这样是不是感觉保险多了？模仿别人签名可不是件容易的事。更何况，大部分商人都有一个更保险的做法：他们平时写字是一个样子，一旦给银行签名的时候，就写成了另一个样子——这个签名是被专门设计过的，和平时的笔迹区别很大，一般人都看不到，也就模仿不了这个签名。这样一来，存折里面的钱就安全多了。

看到这里，你一定也想到了一个问题：这个签名虽然一般人看不到，但是有一类人如果想模仿的话，也是非常容易的。是谁呢？那就是银行的柜台职员。

我们当然相信绝大部分柜台职员都不会这样做。但是万一哪位职员在帮客户存钱的时候，一看这么多钱，动了坏念头，就可以利用职务的便利，仔细观察客户的笔迹，然后仿照他的签名，把钱取走。这样的事情虽然发生的概率不大，但确实存在，而且一旦发生，就会损失一大笔钱。也就是说，问题还是没有被彻底解决。

## 完美的解决方案诞生

直到 1970 年前后，银行卡密码出现了，一个完美的解决方案诞生了。这个解决方案并不只是输入一串数字那么简单，因为还要用到计算机技术、磁条和数学原理。是不是有点糊涂了？计算机技术还好理解，磁条是什么？设置密码和数学原理有什么关系呢？别着急，下面来一个一个地给你解释。

首先说说计算机技术。在 1970 年前后的那段时间，计算机技术已经越来越厉害了。由于计算机的处理速度快，又很少出错，所以银行里有很多工作都是交给计算机来完成的。这时候，银行可以利用计算机技术建立一套完整的数据库，把每一个人存钱、取钱的信息全部记录在一起。

接下来再说说为什么需要磁条。当时，取钱的凭证已经从存折变成了银行卡，这种银行卡上就有一段和磁带很像的东西，这就是磁条。那么磁带是什么呢？如果你去问你的爸爸妈妈他们小时候是怎样听音乐的，他们就会告诉你，是用磁带来听的，因为那时候的音乐很多都是录制到磁带上面的。

磁带是一种可以记录信息的载体，银行卡上面的那一段磁条也是如此。磁条里面的信息可比契约书详细多了，除了名字和身份，磁条里还记录着存了多少钱、后来取走了多少、什么时候取的等一大堆信息，当然，其中最重要的是银行卡的卡号（相当于之前的存折编号），以及我们在最开始办理银行卡时设置的密码。

有了银行卡密码，银行的职员就不用那么麻烦地去核对笔迹了，我们也不用担心被别人模仿签名、把钱取走了。取钱的时候，你只要让银行的计算机读取银行卡里的信息，然后再输入密码就行了。计算机会核对这个密码和银行卡磁条上记录的密码是不是一样的，如果是一样的，就可以判断出，银行卡里面的钱是属于你的。

这回彻底安全了吗？万一银行的计算机管理员把银行卡里的信息都读取出来，他不就知道你的银行卡密码了吗？这样不是更危险了吗？怎么办呢？

银行的做法是，将银行卡磁条上记录的密码进行加密，我们取钱时输入的密码也会被加密，银行将两者进行比对，一致的话，才可以取钱，不一致的话就会显示“密码错误”，整个过程中是不会泄露密码的。

这里就涉及前面说的和设置密码有关的数学原理。人们发明了各种用于加密的数学算法，例如“非对称加密法”，让取钱的过程更加安全。

银行卡密码的出现，省去了很多核对、检验的麻烦，这也多亏了计算机技术的发展。我们今天的计算机技术可比那个时候厉害多了，密码越来越安全，银行里的钱和银行卡上的信息也越来越安全了。

# 加密法——加密与解密的战争

前文介绍了银行卡密码的故事，在故事的最后，我们提到了加密法，这样的方法可以把简单好记的信息变得不那么容易被人破解。听起来很玄乎，对不对？你可能会想：给信息加密的技术好像是在战争或者谍战电影里才会出现的东西，离我们的生活太远了吧！

先别着急下结论。加密法虽然听上去很复杂，但只要了解了它是怎么出现的，你就会发现，它在我们的生活里可以说是无处不在：有人就连在写日记的时候，都会不由自主地使用加密法呢。

## 加密法起源于战争

简单来说，加密法就是一种把重要的文字信息藏起来的方法。加密法其实很久以前就有，大部分学者认为，在文字刚出现没多久的时候，加密法就出现了。那么问题来了，古人发明加密法，究竟是为了把什么样的信息藏起来呢？我们可以从古希腊城邦和波斯帝国的一场战争中找到答案。

波斯帝国是古代一个特别霸道的国家，它仗着自己实力强大，到处侵略，占领土地，要求相邻的那些小城邦交出粮食，进贡给它，有点像收保护费。有一次，波斯帝国的两个使节去往古希腊的一个城邦要求进贡，结果一个直接被砍死，另一个被扔到井里淹死了。

杀死使节实际上就是在向波斯帝国挑衅。波斯帝国的君主感觉非常没有面子，后来，他亲自带军队去讨伐古希腊。让这位君主没想到的是，古希腊的战斗力比他想象的要强大，不是轻轻松松就能搞定的。这位波斯君主直到去世，都没有征服古希腊。

就这样，征服古希腊的任务落到了他的儿子薛西斯的肩上。薛西斯决定先偷偷提高自己的实力，花几年的时间制造舰船，等到时机成熟，再给对方来个措手不及。

这幅发表于1882年的插画，描绘了薛西斯的大军通过两座浮桥越过赫勒斯滂海峡的场景

到了公元前 480 年，波斯帝国花了 5 年的时间，造好了舰船，趁着古希腊毫无防备，突然发动进攻。让薛西斯万万没想到的是，在经过一处狭窄的海峡时，突然有 200 多艘战舰从各个方向围了过来，把波斯帝国的舰队团团围住。一番激战之后，波斯帝国的舰队被击沉了 200 多艘，5 年的心血几乎白费了。

怎么回事呢？难道说波斯帝国的计划有什么漏洞吗？其实，计划是个不错的计划，坏就坏在，有人走漏了风声。

在薛西斯开始调集资源准备制造舰船的时候，这个计划被一个流放到波斯帝国境内的古希腊人知道了。这个人是古希腊一个城邦的王室成员，因为在王室内斗中失败了，才被流放到波斯帝国。既然知道了波斯人的计划，他当然得想办法把消息传递出去。

他把波斯人的计划写到了一块木板上，为了不让沿途的卫兵发现木板上的信息，他在木板上面涂了一层蜡，把这些重要的文字信息掩盖了起来。后来古希腊人收到木板，刮掉了表面的蜡，及时地做好了准备，打破了波斯帝国的如意算盘。

就这样，一条加密的信息挽救了古希腊，只不过这种加密的方式比较简单：直接把文字藏了起来。万一波斯帝国的卫兵也刮开了木头上的蜡，不就发现这个消息了吗？有没有什么办法，能让这些文字信息就算被人发现也不会走漏消息呢？

## 替代法

当然有了，大约在 5 000 年前的古埃及，就有这样一种加密法，叫作替代法。怎么用替代法给信息加密呢？举一个简单的例子，你就明白了。

比如，“Hello, World!”这句话，它是由两个单词组成的，翻译过来就是“世界你好”的意思。如果我们用替代法来给这句话加密的话，应该怎么做呢？

我们知道，英文中的 26 个字母是有排序的，我们把“Hello, World!”中的每一个字母，按照字母表的排序，用后移两位的那个字母来代替。

“hello”中的“h”，往后数两位是“j”，“e”往后数两位是“g”，以此类推，按照这个方法，“hello”的5个字母就变成了“jgnnq”，“world”的5个字母就变成了“yqtnf”。

你可以拿着这两组替换后的字母，去问问你的小伙伴，就算他认识很多单词，估计也看不懂这是什么意思。于是，替代法就起到了加密的作用。

不过，替代法只是一种入门级别的加密法，破解的方法也很简单，而且被加密的内容越多，就越容易破解。想一下，如果现在有人用替代法将英文版《哈利·波特》全都加密成了密文，我们需要怎么做，才能把精彩的故事还原呢？根据密文中的字母，往前数两个字母进行替换吗？要知道，加密的规则可不一定是往后数两个字母，有可能是3个、4个或者8个，要是一个一个地尝试，不知道什么时候才能把全部故事还原。其实，我们可以通过一个简单的方法来推测一下。

## 频率分析法

这个方法是，先分析一下每个字母在日常使用时出现的频率，然后再分析一下密文中每个字母的频率，这样对应起来，就能知道密文和原文的字母之间是怎么互相替换的了。用这个方法去破解密文，有点像玩一个猜单词的游戏，我们只要按照各个字母出现的频率，把密文中一个单词里的几个字母猜出来，其他字母就很容易分析出了。

这种破解的方法叫作频率分析法，是在约1 200年前由阿拉伯的数学家提出的。这个方法最关键的，就是要找出每个字母出现的频率，然后才能一一对应。如果给信息加密的人是个加密高手的话，他就会用一些方法，把“每个字母的出现频率”这个信息也给隐藏起来。

什么意思呢？比如，字母“e”在26个字母里出现的频率最高，占到了12.7%。加密高手要想把这个信息隐藏起来的话，只要改变它出现的频率就可以了。怎样改变呢？

他可以用三组数字来代替字母“e”，也就是说，他在替换字母的时候，如果遇到字母“e”，就用这三组数字中的任意一组来代替。这样的话，密文中就没有哪个字母或数字出现的频率是12.7%了，破解的人也就找不到字母“e”了。

你看，用这个方法，一个字母可以被替换成一串数字，而不是简简单单地被换成另一个字母，这种“数字化”的做法让每一个字母都可以被加密成很多种不同的样子，这样一来，密文的破解难度就大大增加了，频率分析法就没有用武之地了。

这种做法是加密法从“入门级”进阶为“高级”的关键所在。毕竟，一个有 1 万块碎片的拼图，肯定比只有 10 块碎片的拼图难拼多了。

比如，在计算机里，数字、字母和常见符号可以用一套标准的数字化代码表示，这套代码叫作美国信息交换标准码（ASCII）。现在，假设我们手里有一份机密文件，文件里说“绿巨人浩克的能量仅仅被激发了 9%”，我们需要把“9%”这个信息进行加密，以免被坏人发现。“9%”这个信息一共有两个字符：一个是“9”，另一个是“%”。

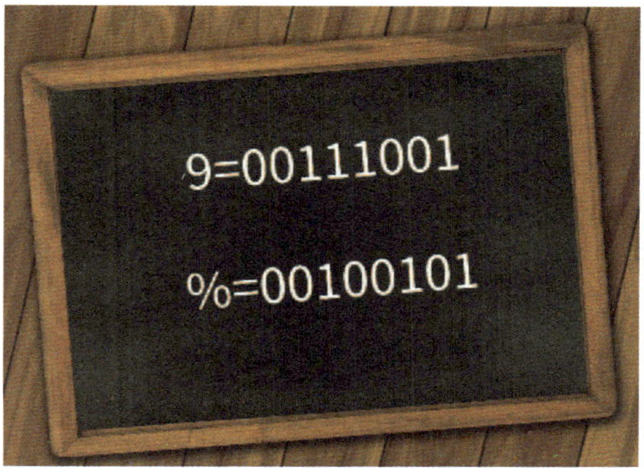


9%的二进制码

我们按照 ASCII 中的编码方式，把它们分别替换成图片上的样子，然后再进行加密的话，就有很多种不同的做法了，比如我们可以把这两串数字相加、相乘或者按照一定的规律重新排列组合一下。总之，做法越多，最后的密文就越难破解。

## 汉字的加密法

看到这里，你大概也发现了，加密法说来说去，基本都是给英文加密，那能不能用同样的方式给中文加密呢？其实，在很长一段时间里，中文是难以用这种替代法加密的。

这是因为汉字不仅没有顺序，而且数量实在是太多了，不像英文一共就 26 个字母。后来到了 1980 年，为了能在计算机中输入汉字，每一个汉字都有了一个编号，其实也就是用另一种方式把汉字给数字化了，从那以后，中文才能够使用更高级的加密法来加密。

好了，加密法就介绍到这里。今后你在写日记的时候，如果有一些信息不想被人偷看，就可以试着用一下替代法，把关键信息藏起来。

# 二维码——记录信息的历史

如今，二维码真是无处不在。去超市买东西，可以扫码；认识了新朋友，加个微信，可以扫码；想要参加夏令营，报名时可以扫码……我们的生活越来越离不开二维码了。

一个小小的方格子就能记录那么多信息，真是太方便了！那么，二维码是什么时候出现的呢？人们是从什么时候开始用这样的图形或者符号来记录信息的呢？最开始的符号又是什么样子的呢？今天，我就带你一点一点地找出二维码的“原型”，保证会让你大吃一惊！

二维码的样子你一定很熟悉，它由一个一个的小方块组成，是个黑白相间的大方格子，用手机扫一扫，就会显示出上面记录的信息。

其实还有另外一种码也是黑白相间的，就是那些印在商品包装上的条形码。我们去超市买东西，结账的时候，超市的职员会把我们挑选的那些商品一个一个地扫码，他们扫的就是这种条形码。

扫码其实就是读取信息，那么条形码和二维码都是怎么记录信息的呢？它们之间又有什么关系呢？

ISBN 978-7-5713-5099-4

9 787571 350994 >

本书条形码

## 条形码的原理与应用

先说说条形码吧！条形码的出现比二维码早很多，它在 1952 年就被注册了专利。不过那个时候还没有特别靠谱的扫码仪器，所以条形码一直到 1970 年前后才开始被大家使用。

那么条形码是怎么记录信息的呢？其实很简单。条形码一般都是印在商品的包装上，它是靠那些宽窄不同的线条来记录信息的。

比如，一台电视机包装上的条形码，前 3 个黑色竖条代表这台电视机是哪个国家的，后面 4 个黑色竖条代表是哪个厂家生产出来的，接下来的 5 个黑色竖条是生产厂家按照编码规则自行分配的产品码，比如电视机的出厂日期、生产批次等，最后 1 个黑色竖条代表校验码。一个条形码记录的信息通常不超过 30 个字符。

条形码在今天也比较常见，超市的零食、图书馆的图书、玩具的包装盒上都有条形码。只要对准条形码一扫，商品名称、价格之类的信息就出现了。老实说，其实条形码已经挺方便的了，很多公司都用条形码进行商品信息登记、核对，比以前人工记录的时候方便多了。但是，我接下来要介绍的这两位工程师可不这么认为，他们觉得条形码实在是太不方便了。怎么回事呢？

## 发明二维码的故事

故事发生在 20 世纪末的日本，这两位工程师为日本电装公司工作。该公司为丰田汽车公司提供各种各样的汽车零件，比如喷油器、散热器、点火单元、发电机，等等，加起来可能有好几百种。

这些零件先被一件一件地加工制作出来，然后分门别类地保存起来，有需要的时候，再按照要求从库房里发送出去。要是个别零件出了问题，还要退回来修理。

在这些环节里，需要准确无误地登记每个零件的信息，这个时候问题就来了：零件的种类实在是太多了，而且每种零件的名称都是很长的专业名词，这样一来，需要登记的信息就不像“某某电视机”“某某薯片”这么简单，可是条形码能够记录的信息是很有限的，记录不了那么多。

在这种情况下，两位工程师想到了一个好办法：我们写字的时候，一行写不下的话就写两行，两行写不下就写三行，那么条形码能不能像写字一样，另起一行呢？二维码就是基于这样的想法诞生的。这两位

二维码的主要发明人——原昌宏

工程师经过一年半的钻研，终于在 1994 年发明了二维码。

## 二维码如何记录信息

那么，二维码是怎样记录信息的呢？它为什么能比条形码多记录信息呢？道理也很简单。我们可以把二维码这个大正方形看成是由若干个小正方形组成的，比如，最开始的二维码每一边都有 21 个小方格，一共有 441（21×21）个小方格。

每个小方格都可以涂黑或者不涂黑，只要我们规定好涂黑表示什么、不涂黑表示什么、哪几个小方格表示产地、哪几个小方格表示日期以及其他需要说明的信息，就可以了。

条形码通常只能记录不超过 30 个字符的信息，现在我们有 441 个小方格，每个小方格都可以涂黑或者不涂黑，这样的话，能够记录的信息肯定比条形码要多得多了。更何况，这还只是最初的二维码，现在的二维码最多有 3 万多个小方格，那得记录多少信息！

说到这里，值得强调的是，由于二维码是从条形码演变过来的，所以它们记录信息的原理其实是一样的。

借用前面说过的“数字化”的概念，我们用二进制数码来解释的话，条形码中的白色线条就表示 0，黑色线条就表示 1；二维码中，不涂黑的小方块就表示 0，涂黑的就表示 1。而在计算机里，0 和 1 的不同组合可以“翻译”成字母，字母又可以组成单词，单词就能组成完整的信息了。

有许多个小方格的二维码

## 二维码在生活中应用广泛

值得一提的是，二维码之所以能够迅速进入我们的生活，还有一个功臣：微信。

微信是我们现在非常常用的应用程序。在 2011 年初，微信刚刚出现的时候，它是靠着快速发送语音短信的功能被大家广泛接受的。到了 2011 年底，微信在发布的新版本中加入了扫描二维码的功能，当时的二维码只是用来添加好友的，这种添加好友的方式因为比以前方便太多而大受欢迎。

慢慢地，在接下来的版本里，二维码可以用于收钱、付钱、登记，它能实现的功能越来越多。再后来，二维码又出现在其他应用程序中，越来越广泛地应用在我们的生活里。这么看来，发布微信的公司虽然没有发明二维码，但是它让二维码广泛应用了起来，算是功不可没。

## 创意延展

### 如果二维码扫不出来了，该怎么办

有时候，打印在白纸上的二维码会扫不出来了，这可能是因为本来打印得就不清楚，也可能是因为时间太长了，有的地方磨损、掉色了。这时候，你可以试试下面这个办法，也许能解决这个问题。

在二维码的左上、右上、左下角，都有一个黑方块被黑框套着，像是给黑方块戴了眼镜。这三个黑方块并不包含具体信息，它们是用来告诉扫码程序二维码的位置和方向的。它们如果不够清楚，那这个二维码就肯定扫不出来。

所以，一旦遇到扫不出来的情况，你可以用黑笔先把这三个黑方块和黑框描清楚再试试。如果还是不行，你就再看看二维码内部是否还有几个黑方块。它们也套着黑框，比那三个大的黑方块小一点。

它们是那三个大黑方块的搭档，帮助给二维码定位，有了它们，不管印在纸上的二维码是正的还是歪的，就算有了折痕，二维码也可以被扫出来。所以，如果你的二维码扫不出来了，就用黑笔把这几个黑方块描清楚一些，再扫一下试试，说不定就可以了。

# 触摸屏——人机沟通的巧妙设计

现在绝大多数手机的屏幕都是触摸屏，我们用手轻轻触碰手机屏幕就能进行各种操作，十分方便。那么，你知道触摸屏的原理是什么吗？

## 触摸屏的工作原理

看到这样的问题，你可能会觉得有点复杂，因为触摸屏看起来是科技含量比较高的装置，它的工作原理应该很复杂吧。其实，触摸屏的工作原理解释起来没那么麻烦。

如果我们可以缩小，钻到触摸屏里面去看一看的话，就会发现，触摸屏一共有两层，下面的那一层是可以导电的，上面的这一层，也就是我们平时用手能触摸到的这一层，是绝缘的，它是不能导电的。下层导电，上层绝缘，这时如果我们在不导电的这层上面再加一个导电层，也就是把绝缘层加在两个导电层的中间，这样就形成了一个叫作电容器的结构。电容器的功能有点像电池，是一个可以把电能装起来的结构。

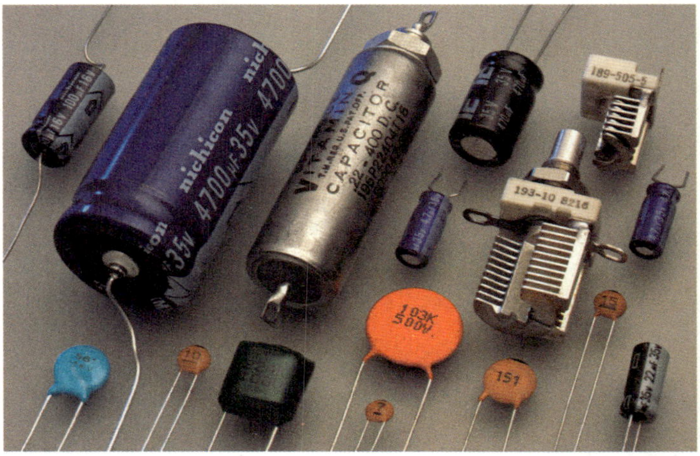


各种各样的电容器

触摸屏里除了绝缘层，只有一个导电层在下面，只能算是半个电容器。如果我们的手指可以充当导电层的话，那么当它触摸到屏幕的时候，就刚好组成了一个电容器。那么，我们的手指能不能导电呢？是完全可以的。我们的手指上有水分和盐分，这些都是导电的，所以手指能够充当上面的导电层。

所以，当我们把手指按在触摸屏上的时候，一个电容器就形成了，手机内部的交流电就可以流过触摸屏了。那么问题又来了，触摸屏或者手机是怎么知道我们的手按在了哪个位置呢？其实，在下面那层导电层的四个角上，有四根接线柱，它们也是可以导电的。

当我们的手指按在触摸屏上的时候，手指触摸的位置离哪根接线柱近，这根接线柱上流过的电流就比较大。比如我们按在了屏幕左下角的位置，这时候左下角的接线柱中流过的电流就比较大，右上角的电流就比较小。

换句话说，每根接线柱距离电容器的距离不一样，流过的电流大小也就不一样，手机里面的芯片通过测量四根接线柱上的电流大小，就可以通过公式精确计算出电容器的位置，也就知道了我们的手指按在哪里。

这就是触摸屏的工作原理。用手指就可以控制屏幕，这是一个巧妙的设计吧？这种电容式触摸屏最初是一位英国工程师设计出来的，他的名字叫埃里克·约翰逊。

埃里克·约翰逊发明了电容式触摸屏，但这个发明相对于后来的发明来说，只是冰山一角。可以说，没有后来的发明，触摸屏的应用就不会这么广泛。那么这座“冰山”是什么呢？

## 人机界面的发展

就拿我们在触摸屏上的操作来说吧，其实我们就是通过触摸屏告诉手机我们想干什么，然后手机在屏幕上把我们想要的结果告诉我们。这个过程，就像你去问你的好朋友“北京的天气怎么样”，然后他告诉你“今天下雨了，明天是个晴天”一样。

人与人之间的这个互动过程，叫作沟通交流；而我们和手机或者计算机之间的互动过程，比如指令传达、结果反馈等，叫作人机交互，说白了，就是和手机或计算机沟通。

和计算机沟通？听起来好像现在人人都会，但其实在最开始的时候，和计算机沟通都是需要经过专业培训的。那时候当然没有现在这样发达的计算机技术，更没有什么触摸屏。人们和计算机沟通都是通过在纸带上打孔来完成的。比如，那时候你想通过计算机算一下圆周率，起码要做到以下几点才可以实现。

打孔机在纸上打孔

首先，你得知道怎么把一条一条的纸带安装到与计算机配套的设备上；其次，你得知道怎样在纸带上打孔，告诉计算机你要让它帮你算圆周率；最后，计算机算好了结果后，会在纸带上打上密密麻麻的小孔，你得能看懂那些孔都是什么意思。这些技能最少得经过 1 个月的时间才能掌握。

后来，越来越多的人都开始使用个人计算机了，这时候的人机交互就是通过键盘输入一行一行的指令，计算机在屏幕上显示一行一行的文字来实现的。这比打孔方便多了，但是输入的指令都是有严格的规范和要求的，还是需要使用者具备一定的专业知识。

再后来，到了 1983 年，世界上出现了第一个图形界面的操作系统。这就和我们现在的计算机界面差不多了，图标摆在桌面上，每一个图标都代表不同的功能，使用者不需要输入一行一行的指令，只要用鼠标点一点就可以了。

人机界面就是这样一步一步发展过来的。后来到了 2005 年，手机的功能也越来越多了，可以发短信、玩游戏、浏览网页等。手机无法像早期的计算机那样，通过输入一行一行的指令或点一点鼠标完成操作。这样一来，手机的功能越多，操作就越不方便了。

“苹果丽萨”（Apple Lisa）是苹果公司发布的世界上首款面向大众市场的图形界面计算机，以史蒂夫·乔布斯长女的名字命名

解决这个问题的就是触摸屏。触摸屏带来的改变是非常大的。举个例子，假如手机没有触摸屏，现在你要把手机上所有已经打开的应用程序的界面按照先后顺序叠在一起，就需要告诉手机“把我打开过的应用程序列出来”“按照时间的先后顺序”“显示我退出程序时的画面”等一系列的指令，念都要念一会儿。而有了触摸屏就方便多了，只需要轻轻向上一划就可以了。

可以说，触摸屏见证了人机界面的进步。自从 2007 年苹果公司发布了苹果手机（iPhone），手机上复杂的功能一下子变得简单了，触摸屏在我们的生活里也应用得更广泛了。这么一看，触摸屏和我们之前讲的二维码的例子有点类似，苹果公司没有发明触摸屏，但是通过 iPhone，让触摸屏得到了更加广泛的应用。

# 电子游戏——快乐简史

若要问你平时喜欢玩什么电子游戏，相信你和你周围的伙伴们的答案都差不多，很多游戏都是要大家一起玩才有意思。

那么，你有没有问过你的爸爸妈妈，他们小时候都玩什么样的电子游戏？

其实，电子游戏出现的时间并不长，你的爸爸妈妈小时候有可能刚好赶上了最早的那一批电子游戏。

## 备受欢迎的电子游戏《乒乓》

如果你的爸爸妈妈告诉你，他们小时候玩电子游戏是用“红白机”玩的，那他们一定非常熟悉“超级马里奥兄弟”“街头霸王”这些名字，这些都算是很早的电子游戏了。不过，只有玩过下面这款游戏的人，才能算是世界上第一批电子游戏玩家。

《乒乓》街机柜

这款游戏就是由美国雅达利公司在 1972 年推出的《乒乓》( *Pong* )，是世界上最早的电子游戏之一。这款游戏是装在一个和冰箱差不多大的柜子里的，投币就能玩，不过经常会发生意外。

有一次，雅达利公司接到一个酒吧老板的电话：“快点派人来修修你们的游戏机，怎么投币都没反应！大家都要急疯了，快点快点，好多人在等着呢！”

雅达利公司的维修人员赶到酒吧的时候，里面围了很多人，都在等着玩游戏。维修人员赶紧挤进去，心里十分着急：投进硬币，游戏却启动不了，如果真是游戏机的内部故障导致的，那一定是个非常麻烦的故障。维修人员坐在地上，准备好好检查一下机器，周围都是排队等待的客人。

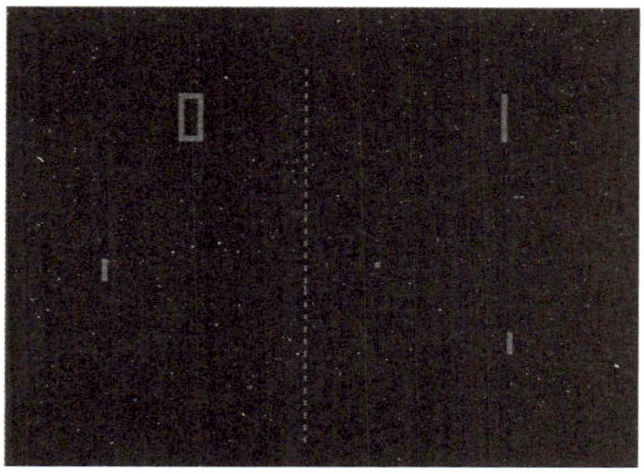
《乒乓》游戏画面截屏

维修人员打开游戏机，准备开始检查，看到眼前的景象时，简直哭笑不得：原来根本就没有什么故障，只是因为之前投进去的硬币太多了，游戏机里面装硬币的盒子太满了，所以游戏才没有办法启动。

这款游戏既然这么火爆，那一定特别有意思吧？其实用我们现在的眼光看的话，《乒乓》简单得不能再简单了。它是一个乒乓球游戏。屏幕左边有一段竖线，代表你的乒乓球拍，右边也有一段一样的竖线，代表对手的乒乓球拍；屏幕中间有一条长长的虚线，代表球网；屏幕上方显示了比分；此外，还有一个来来回回的白色亮斑，代表乒乓球。你只要用按钮控制球拍上下移动，接住乒乓球就可以了。

## 发明《打砖块》的年轻人

别看游戏简单，《乒乓》受欢迎的程度可一点都不比现在的游戏低。值得一提的是，这款游戏是雅达利公司在 1972 年刚创立时推出的，没想到直接就成了爆款。雅达利公司给大家带来了快乐，他们在招聘广告中都写着：“招聘电子工程师，报酬每小时 5 美元，让你在快乐中赚钱。”

这样的广告在当时很有吸引力，很多人慕名而来。有一天，一个奇怪的年轻人来应聘，他留着长头发，看起来像个摇滚青年，和当时的很多美国年轻人一样，有一种颓废的感觉。面试官和他聊了聊，才知道这个年轻人因为受不了大学里的约束，提前退学了。他既不会编程也不太懂电子工程，之所以来应聘，是因为想赚了钱到亚洲去，找一个寺院念经、打坐。

如果你是面试官，会聘用这样的人吗？我想不会吧，如果是我的话，可能听完他的介绍就不会继续问下去了。但是，雅达利公司面试这位年轻人的首席工程师，碰巧也是个带着一些颓废气质的美国青年，两人聊得还挺投机，最后这位年轻人竟然被聘用了。

事实证明，这个决定是对的。这个年轻人是个天才。他进入雅达利公司之后的其中一项工作，是把《乒乓》这款游戏改成单人版，也就是一个人就可以玩的游戏。

他和他的朋友只用了 4 天就设计好了：屏幕的下方有一个小托盘，上面放一个小球，屏幕上方是排列好的各种颜色的砖块，游戏开始之后，小球会向上弹，撞碎砖块之后再弹回来，玩家需要用托盘把小球接住，这样来来回回的，砖块全部被敲碎，游戏就胜利了。

这款游戏叫《打砖块》，直到今天还可以搜到。“打砖块”这个名字你可能不太熟悉，但那个中途退学、一脸颓废的年轻人的名字，你一定听说过，他就是后来苹果公司的创始人之一——史蒂夫 · 乔布斯。

## 雅达利公司的动荡

雅达利公司的发展可以说是非常顺利了，直到一个竞争对手的出现，才让雅达利公司产生了危机感。这家公司叫仙童半导体公司，位于美国硅谷，他们十分拿手的，就是用更好的游戏处理器把游戏机变得更小一点。还记得雅达利公司装载《乒乓》的游戏机有多大吗？和一台冰箱差不多大。而仙童半导体公司推出的游戏机，只有一个鞋盒那么大。

仙童半导体公司1976年发布的游戏机

这样的差距太大了，雅达利公司一下就慌了，他们必须赶快想办法，研发体积更小的游戏机。结果一算，吓了一跳，研发的资金起码要 1 亿美元。雅达利公司没有这么多钱，为了凑钱，公司负责人只好把公司卖给了其他公司。

后来，公司又经历了内斗，很多核心的开发者纷纷离职，一同创立了一家新的公司，叫作动视公司。这是一家游戏发行公司，它可以宣传和售卖别人做出来的游戏，和它相关的一些游戏你一定不会陌生，比如《雷神之锤》系列、《使命召唤》系列等。

## 著名电子游戏公司：任天堂

说到底，游戏好不好卖，最关键的还要看好不好玩。有的游戏之所以经典，是因为不管我们什么时候打开它，都会玩得特别入迷。说到经典的游戏，有一家公司一定是绕不开的，那就是日本的任天堂。

1983 年，任天堂推出了 FC 游戏机，也就是后来我们常说的“红白机”。紧接着，很多有意思的经典游戏就出现了。像人们很熟悉的《超级马里奥兄弟》《街头霸王》《最终幻想》《塞尔达传说》等，直到现在还在更新。就拿《超级马里奥兄弟》来说，都不用看到游戏里的画面，只要那首音乐一响起来，估计你的爸爸妈妈就会忍不住想打开游戏机玩上两局。

任天堂创立于 1889 年，在推出第一代游戏机之前，主要做纸牌游戏，后来电子技术发展起来了，任天堂就在新兴的平台上继续开发好玩的游戏。近几十年来，这家公司只研究一件事，就是怎样让游戏更好玩。对比前面提到的美国的游戏公司和任天堂，美国的公司更愿意在游戏硬件上下功夫，比如把游戏机变小，而任天堂好像更愿意研究新鲜有趣的游戏玩法。

游戏里充满了精彩的画面和丰富的想象力，有了像雅达利、动视和任天堂这样的游戏公司，我们的生活里确实多了一些乐趣。不过，玩游戏要注意安排好时间，不要过分沉迷游戏。

任天堂的“红白机”

# 计算机——谁才是计算机之父

计算机的出现，可以说让我们的生活发生了翻天覆地的变化。今天各行各业的发展都离不开计算机技术，它的出现对其他发明也有很大的影响。不过，你有没有想过，计算机为什么叫计算机呢？发明计算机，是为了计算什么重要的难题吗？要想说清楚这些问题，咱们得先搞清楚什么叫计算。

你可能会说："计算，不就是做加减乘除的算术题吗？"这个说法不全对，因为计算不仅仅停留于习题本上，解决一些实际的问题时也需要计算。假设你是一位设计飞机的工程师，要想设计好飞机的机翼，就需要知道高速流动的空气流过不同形状、不同弧度的机翼时，会对机身产生什么样的影响。

怎么做呢？最靠谱的办法就是先做个一模一样的飞机模型，外观、重量、材质等都和真飞机一样；然后准备一个风洞，就是可以吹出强风的管道状实验设备，再把做好的飞机模型放进去，用人工控制的气流模拟实际的空气流动情况，效果就和飞机飞在天上一样了。

用这个办法就可以知道相关因素对飞机机身的影响，这个实验过程就相当于计算过程；这个飞机模型加上风洞，就相当于一套计算设备。只不过，这套计算设备只能计算特定的问题，算不了加减乘除。

## 第一台通用计算机的起源

我们先来解释下什么是通用计算机。通用计算机是指能解决不同类型问题的计算机。相对的，只能解决某一类问题的计算机就是专用计算机。

那么，第一台通用计算机的出现，是为了计算什么问题呢？要回答这个问题，我们就得从第二次世界大战开始讲起了。

第二次世界大战刚开始的时候，美国没想凑热闹。后来到了 1941 年 12 月，日本袭击美国的珍珠港，美国人生气了，宣布参战。打了 1 年多，到了 1943 年，战争还在继续，美国人为了能够更快、更准地发射炮弹，启动了一项研发计划：研发一种可以计算炮弹发射轨迹的机器。

经过差不多 3 年时间的研制，这台机器做好了，它的全称叫电子数字积分计算机，英文简称叫 ENIAC。ENIAC 诞生在美国的宾夕法尼亚大学，曾一度被认为是世界上第一台电子计算机。它的体积特别大，有整整两间教室那么大，重达 30 吨，差不多是五六头成年大象加起来的重量。这么大的机器研制出来可不容易，不过尴尬的是，美国人一边打仗一边搞研发，等 ENIAC 做出来的时候，第二次世界大战已经结束了。

战争结束了，也不用计算炮弹的发射轨迹了，ENIAC 是不是就没用了呢？当然不是，ENIAC 并不是只会做这一种计算。不过，要让它变得更通用，还需要解决两个问题。

研究人员与ENIAC，20世纪中期

## 两个问题

一个问题是，计算过程中产生的中间结果很重要，但是保存起来很麻烦。那时候的计算机用的是打孔纸带，人们和计算机沟通是通过在纸带上打孔来完成的。

所以，ENIAC 在工作的时候，需要十几个受过专业培训的人盯着机器输出的纸带，有重要的计算结果需要保存的时候，他们就得让机器停下来，把那些打着孔的纸带存放好，然后重新安装，进行后面的计算，来来回回的，麻烦极了。

另外一个问题就是，ENIAC 的体重有 30 吨，但是只能完成非常有限的几种计算，而且切换不同的计算任务时特别费劲，需要工程师按照新的图纸，把零件的线路拆下来重接——就好像你现在的计算机只能打字，如果要做演示文稿（PPT）的话，就得按照一张新的图纸，把计算机重新组装一次才行。这样的工作，全部完成最快也得两个小时，慢的话需要两三天。

不解决这两个问题，ENIAC 就没办法变得更通用。如果你看过《三体》这部小说，就一定不会对冯·诺依曼这个名字感到陌生。他是一位著名的数学家、计算机科学家，对 ENIAC 及后来的计算机设计提出了重要建议。

冯·诺依曼发现了保存中间结果非常麻烦的问题，便建议在计算机内部加一些可以储存中间结果的存储单元，简单地说，就是让电子元件来记录那些重要的中间结果，这样就不用再安排工作人员在那里盯着，来来回回地拆卸、安装纸带了。这个问题难度不大，解决得非常顺利。

第二个问题就没这么简单了。每次切换计算任务的时候，都要重新接线路，太麻烦了。要是能把重新接线这一步省略掉，就一定可以大大地提高效率。冯·诺依曼从一篇约 10 年前的论文中受到启发，想出了解决方法。

那篇论文从数学原理出发，提出了一种抽象的计算模型，即图灵机。图灵机由一个控制器、一条可无限延伸的带子和一个在带子上左右移动的读写头组成。它在纸带上可以完成计算，而且只要按照设计好的规则操作，那么各种各样的计算都可以通过图灵机来完成。

这是一个可行的理论，冯·诺依曼根据这个理论设计出了新的计算机结构，直到今天还在沿用。而当年给了冯·诺依曼启发的那篇论文的作者，就是大名鼎鼎的图灵。

图灵机模型，理想的图灵机两侧都有无限长的纸带

# 计算机之父——冯·诺依曼

解决这两个问题后，研发团队把 ENIAC 改造成了一台通用计算机。值得一提的是，冯·诺依曼虽然提出了新的设计理念，解决了 ENIAC 的两个问题，但他并没有参与 ENIAC 最初的设计。ENIAC 是由以宾夕法尼亚大学的两位工程师为首的团队设计出来的。冯·诺依曼后来是以顾问的身份加入的。

他们在研发或完善 ENIAC 的过程中，逐渐地意识到，这个大家伙真是前途无量，未来一定会发展出更多的功能。这个时候，有一个分歧在冯·诺依曼和那两位工程师之间悄悄产生了。

当时的发明家在完成一项发明之后，都会赶紧去注册专利。这样一来，别人使用这项专利的时候，就不能白用，得付钱。比如，你如果发明了一种新的芯片，就赶紧去注册专利，这样一来，要是有人想要生产这种芯片，就得付给你钱。发明成果得到了保护，这当然是好事，但是专利制度也有一个缺陷，比如，ENIAC 所用到的计算机技术的专利如果被几个人占为己有的话，计算机的发展就会变得特别慢。

为什么呢？如果你是计算机爱好者，想要研发计算机的一些新功能，那么肯定要用到那些已经注册了专利的技术。但是这些专利人家已经据为己有了，你想用的话就得付钱。还没赚到钱，就得先花钱，估计很多人都会打退堂鼓；另外，如果你是注册了专利的人，每年都有大把大把的专利费打到你的银行账户里，不用工作也能赚到很多钱，那你还有动力像最开始那样去做研究吗？

冯·诺依曼（1903—1957年）

分歧就在这里。冯·诺依曼早早地察觉到，那两位工程师好像已经打定主意，要把 ENIAC 各个环节的设计都注册成专利。他觉得这样做的话，计算机技术的发展就受到了严重的阻碍。

正面争论，效果一定不理想，冯·诺依曼决定用最快的速度整理出这台计算机的全部资料，包括那些改进部分的技术细节，写成了一份 101 页厚的报告，向学术界公开了所有的内容。

这样一来，大家都知道了那些技术要点，那两位工程师也就没有了注册专利的优势，计算机技术的发展也因此避免了阻碍。这么看来，冯·诺依曼确实功不可没，是当之无愧的计算机之父。

不过，如果你在网上搜索一下“计算机之父”，就会发现，图灵也被称作计算机之父。这是怎么回事呢？

图灵是一个内向的人，做事严谨，有点孤僻。别人要是证明了一种计算方法是有效的、可行的，基本都会想办法把设备做出来，实践一下，但图灵只对原理感兴趣，他证明了一种可行的计算方法之后，更愿意想办法找第二种和第三种计算方法。由于这个原因，图灵的证明好几年都没有被人重视，直到冯·诺依曼发现了它的价值。

图灵的确告诉了我们有这样一种方法是可行的，而冯·诺依曼对计算机的发展起到了关键性作用。两个人的贡献都很大，但如果非要选一个人来当计算机之父的话，冯·诺依曼的功劳似乎更大一些。

# 电影——电影是怎样“进化”的

你可能看到过一种说法：电影是卢米埃尔兄弟发明的。也有人说，是爱迪生发明了电影技术。还有人说，电影最初的发明者是一名化学家。其实，关于电影的发明人是谁，还真的是一个谜题。怎么回事呢？看看下面的故事吧。

## 电影的诞生

1895 年 12 月 28 日，在巴黎的一家咖啡馆里，一台电影放映机正在放映一部叫《工厂大门》的电影。电影没有剧情，没有声音，没有主角和配角之分，画面里只有工厂下班时的场景：工人们穿着体面的制服下班，走出工厂，有的人推着自行车，最后有两匹马拉着一辆豪华的马车从工厂大门出来，里面应该坐着工厂的老板。整个电影不到一分钟就结束了。这样一段影像放到现在只能算短视频，根本不能算电影。但是在当时，大家都没见过这样的东西，感觉很新鲜。

《水浇园丁》海报

除了《工厂大门》，这家咖啡馆里还放映了另外几部电影，其中一部叫《水浇园丁》，画面中有一个打理花园的园丁，他因为男孩的恶作剧被喷了一脸水。就是这些一听名字就能想象出影片内容的电影，每天都有很多人排着长队等着看。

放映电影的两个人很开心，因为他们不仅可以卖票赚钱，更重要的是，他们可以把这个发明在全世界范围内注册专利，然后就可以赚更多的钱了。这两个人就是卢米埃尔兄弟。1895 年 12 月 28 日这一天，也被后人视为电影的诞生日。

其实，电影的发明不应归功于某个人，因为许许多多科学家、发明家都做出了自己的贡献，例如发明了电影放映机的爱迪生。

## 爱迪生与谋杀案

可是，就在爱迪生刚在美国拿到专利后不久，就有麻烦找上门来了。一位贵妇人跑来和他打官司，她的丈夫是一位名叫路易斯 · 普林斯的化学家。这位贵妇人说自己的丈夫才是电影放映机的发明者，专利不应该给爱迪生。甚至还有小道消息说，爱迪生为了抢走专利，谋杀了普林斯。

经过一番调查，原来这位普林斯先生也不简单。他是一位摄影家，同时学习过化学，因此，普林斯比普通的摄影师在处理底片方面更有心得。

1890 年，普林斯在纽约预订了一栋楼，这一年的 10 月对他来说特别重要。这时的普林斯，已经自己制作了一台摄像机、一台放映机，还在大桥上拍摄了一段马车经过的影像，他打算再多拍几组镜头，等到 10 月份的时候，在纽约的大楼里举办一个风光的电影首映式。

路易斯 · 普林斯

按照计划，普林斯 9 月要去外地拍一组镜头。他和工作人员约好 9 月 16 日到达拍摄地点。工作人员当天去车站接他，普林斯却迟迟没有出现。负责接站的工作人员赶紧报警，警察沿着铁路排查了很长时间都没有结果。一个大活人和一堆摄影器材就这么离奇消失了！

普林斯虽然不见了，但是后来人们认为电影放映机的发明者里应该有他的名字。于是，路易斯 · 普林斯被视为电影放映机的共同发明者。至于那个说爱迪生为了专利谋害普林斯的小道消息，纯属谣言。

## 让照片动起来

在介绍照相机的发明时，我们知道了如何把画面保存在相片里。那么，普林斯等人是用了什么办法，让照片动了起来呢？这个原理其实也很简单。

在电影传入中国之前，清朝时期北京、上海的大街上曾流行过一种游戏器具，叫作西洋镜。

西洋镜配置有一个大木头箱子，正面有一个孔，人可以坐在椅子上，从这个孔往里看。能看到什么呢？西洋镜的大木头箱子里有一盏灯，灯的前面装着玻璃底片，底片上面印着一些风景或人物图案。放映的时候，有人在旁边控制玻璃底片，让底片一张一张地在小孔前面展示，只要速度够快，照片就动起来了。

如果你很难想象那个场景，可以自己试一试下面这个小游戏。找一摞白纸，20 张左右就好。在每张纸的右下角，画一个正在走路的小人儿。第一张纸上的小人儿左脚迈在前面，第二张纸上的小人儿右脚迈在前面，第三张纸和第一张一样，第四张纸和第二张一样，每张纸上的小人儿要尽量大小相同，然后按原来的纸张顺序排列好；当你在所有纸上都画好小人儿之后，像翻书一样翻动这一摞纸，就会看到右下角的小人儿动了起来。

为什么画面会动起来呢？我们再做一个小实验。你可以在晚上找一个安全的地方，看一会儿红灯，然后赶紧闭上眼睛，就会看到红灯的残影。这种现象叫作视觉暂留。

我们在看任何东西的时候，都会有这种现象，照片当然也不例外。我们看一张图片时，视觉暂留时间差不多在二十分之一秒，所以，如果把一个持续 1 秒钟的动作分解成 20 多张照片，然后把这 20 多张照片在 1 秒钟之内展示给你看的话，由于视觉暂留现象的作用，你就会感觉到这个动作是连续的。所以，从这一角度来说，摄像机其实就是 1 秒钟内可以拍很多张照片的照相机。

## 有声电影出现

不管是西洋镜、电影放映机，还是我们画小人儿的游戏，都是利用视觉暂留现象让照

《爵士歌手》海报

片或图画动起来的。但是，光是照片或图画动起来还不够，电影是要有声音的。然而，在电影刚刚出现的那几十年里，电影都是默片，只有画面，没有声音。所以，早期的电影在放映时，有时会有乐队或音乐家在一旁进行现场伴奏。

世界上第一部有声电影叫《爵士歌手》——一看名字就知道不可能是默片。这部电影是在 1927 年上映的。而想办法把声音录下来，加到影片里，再和画面一起播放出去的人，正是“发明大王”爱迪生。他基于留声机和话筒的技术，成功地解决了这个问题。

当然，留声机和话筒也是爱迪生发明的，所以有声电影的诞生，也有爱迪生的一部分功劳。《爵士歌手》上映 9 年之后，卓别林的《摩登时代》上映了，这是卓别林最后一部没有声音的电影。从那以后，技术逐渐发展，电影就成了我们现在看到的样子。

电影的出现差不多就是这样的。我猜你一定有一种感觉，就是电影好像利用了很多的发明成果，是个发明成果的大集合！

首先，有我们之前提到过的摄影技术，它利用光学原理和化学技术把现实中的影像定格并保存下来；然后，有了摄像机，它 1 秒钟内可以拍很多张连续的照片，把这些照片按照 1 秒钟 20 多张的速度播放，画面就动起来了；后来，又有了声音，爱迪生根据留声机和话筒的原理，把声音加到了电影里。就这样一步一步，人们拍出了画面生动、带有声音的电影。

我们今天的电影还加入了很多更厉害的技术，电影院里出现了超大屏幕、3D 电影、环绕立体声，视觉、听觉效果都比以前更逼真、更有冲击力了。甚至有的影院还会在放映电影的过程中，释放出不同的气味来刺激味觉，震动座椅来增加真实感。可能在未来的某一天，我们看电影的时候将会感觉不到电影世界和真实世界的区别！

# 无线电——发明故事的主角是谁

你知道无线电是怎么出现的吗？“无线电”这个名字，其实是相对于“有线电”来说的，所以，要弄清楚无线电的来源，我们得先说说有线电是怎么回事。

## 不划算的有线电通信方式

1753 年，英国人提出了一种用电来传递消息的办法：用 26 根电线代表 26 个英文字母，如果想写字母 a，就从一端给代表字母 a 的电线通电，电线的另一端感应到电流，就会把连接在电线上的写有字母 a 的小纸条吸起来。

在那个年代，这听起来是一种传递信息的好办法，因为只要电线够长，发信息的人按照信息中字母的顺序给电线通电，收信息的人在另一端记录，就能拼写出对方的信息了。这种通过电线传递信息的方法和电报的通信方式一样，准确地说，是有线电报的通信方式。

1839 年，英国的两个车站之间架起了第一条电报线路。从那之后，电报线路就被应用在很多领域里，比如航运、军事等。这些线路最开始是被架在电线杆上，后来又被埋在地下，人们甚至还在海底铺设了电报的电缆。

不过，有线电报的缺点也比较明显，就是太贵了。制作电线时需要买铜线、买橡胶，得花钱；架电线或者埋电线时需要施工，得花钱；要是铺海底电缆，还需要开着船去，得花更多的钱。更让人头疼的是，一些线路的长度为数千千米，一旦哪里出了故障，是很难维修的。总的来看，有线电报是一种非常不划算的通信方式。

工人在铺设海底电缆

## 马可尼的电铃实验

“要是不用电线，也能传递信息就好了。”估计当时很多人都有这种想法，于是有了我们下面要讲的这个故事。

在意大利的一个高档社区里，一个年轻人在自己家里跑来跑去。他一会儿从一楼跑上二楼，一会儿再跑下去。他想试试按照自己的设计，能不能不用任何电线连接，就可以通过二楼的按钮控制一楼的电铃。

这个年轻人叫马可尼，他做这个实验的时候只有 20 岁。他之所以会产生这样的想法，是因为一位老师，这位老师是一名物理学教授，马可尼经常看他做实验。

意大利科学家马可尼与他发明的电报机

那时，一位叫赫兹的物理学家在不久之前证明了电磁波的存在。（电磁波是物理学中的一个概念。）赫兹通过实验，证明了电磁波可以在空气中传播。当时的很多物理学家都在重复赫兹的实验，马可尼结识的这位老师也不例外，而马可尼对这些实验很感兴趣，久而久之，就产生了自己试试的想法。

“丁零零——”马可尼的实验成功了，这可把他高兴坏了。马可尼的爸爸喜出望外，没想到自己的儿子能做出这么神奇的东西，于是给了他一笔钱，让他专心研究这项技术。要是能不通过电线就可以让几千米之外的电铃响起来，那就太好了。

马可尼用了一年的时间，一边查看这方面的论文，一边思考自己的研究。慢慢地，按钮和电铃的距离可以越来越远了。最开始是从家里的一楼到二楼，接着是别墅的一头到另一头，最后是从一座山到另一座山，距离可以达到几千米。

## 第一个无线电专利诞生

马可尼的妈妈曾经在英国读书。实验成功后，马可尼带着他的发明和论文，和妈妈一起来到英国伦敦，见到了英国邮政总局的局长和总工程师。马可尼在他们面前展示了自己的实验，震惊了在场的所有人。如果用这样的技术实现无线通信的话，哪怕只是在伦敦一座城市应用，也可以节省一大笔钱。马可尼很快拿到了专利。那一年是 1896 年，世界上第一个无线电专利在英国诞生了。

有了无线电技术之后，没过多久，就有了无线电报公司。在某些情况下，通过无线电报发一条信息，比有线电报便宜了 90%，相当于打了 1 折。这对那些经营有线电报的公司来说，肯定是一个相当大的打击。

这就是马可尼发明无线电的故事。假如现在有一道填空题，问你“发明无线电的人是谁”，这肯定难不倒你，你可以毫不犹豫地填上“马可尼”。但是有些人对这道题的答案有不一样的看法，他们会笃定地填上“特斯拉”。怎么回事呢？原来，关于无线电发明的故事，还有一个版本。

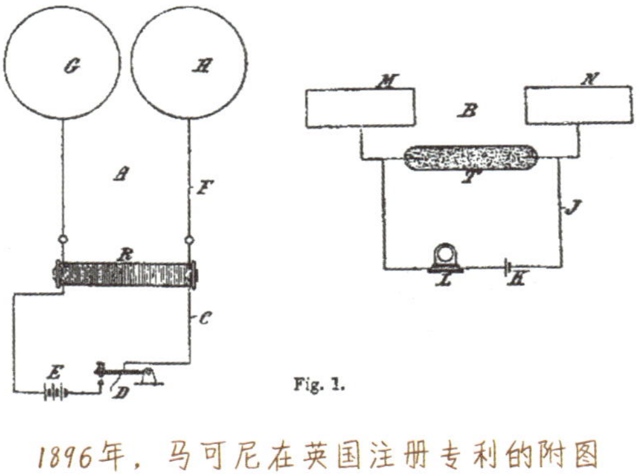

1896年，马可尼在英国注册专利的附图

## 特斯拉与马可尼的专利之争

这个特斯拉可不是我们今天说的那个电动汽车公司，而是一位著名的美籍发明家。他曾经和爱迪生因为直流电系统和交流电系统哪个更高效吵得不可开交。下面要讲的是他和另一个人的过节。

特斯拉一辈子有过很多发明，注册过无数项专利。他在 1896 年之前，也就是马可尼在英国注册无线电专利之前，就已经在美国公开展示过无线通信器材了。在特斯拉的报告中，不管是设备原理还是技术要素，都说得很全面。特斯拉在 1900 年成功注册过两项和无线电有关的专利，但他万万没想到，自己的专利会被别人硬生生地抢走。这个人就是马可尼。

马可尼想在美国也注册一项专利，没想到被特斯拉捷足先登了。不甘心的马可尼动用了一些资源，硬生生地夺走了无线电的发明专利。特斯拉申请过那么多专利，也打过一些官司，他当然不会示弱。双方对于谁才是无线电的发明者，打了将近 40 年的官司，一直到特斯拉去世之后，这场争论才迎来了属于他的转机。

马可尼发射了第一个无线电信号

特斯拉是 1943 年在美国纽约去世的，当时正值第二次世界大战期间，美国和意大利是战场上的敌人，而马可尼是意大利人。美国人一看，这怎么行，在战场上使用无线电技术，还得给敌人付专利费，而且马可尼的这个专利也不是特别能站得住脚，于是就重新审核当年的资料，把无线电的专利改判给了已经去世的特斯拉。

## 创意延展

### 发明比发明者更重要

现在如果再问你“无线电的发明者是谁”，你会怎么回答呢？我想每个人都有自己的答案了吧。看了这么多发明的故事，你应该也注意到了：很多发明的背后都有专利的归属问题。一个重大的发明背后可能有好几个人为专利权争来争去。但是，我们如果从长远的角度来看这个问题，会发现发明故事的主角，通常是发明本身，而不是它的发明者。

就像无线电的这个故事，无线电的发明者不管是马可尼还是特斯拉，又或者是别的什么人，可能都不重要，重要的是无线电被发明了，并且改变了我们的生活。就算没有马可尼和特斯拉，也一定会有另外一个人把无线电技术带到这个世界上来。

# 米、千克、秒——认识世界，需要可靠的尺子

度量世界需要一把统一的尺子，这把尺子就叫作国际单位制，是全世界都统一使用的度量衡单位系统。比如米、千克、秒，我们生活里常见的这三个单位，就属于国际单位制中的基本单位。其中，米和千克最早出现在 200 多年前的法国，后来才变成了全球都在使用的单位。

那么，在这之前人们是怎么做的呢？当然是使用其他单位了。其实，一种新的单位制的出现，在历史上并不是什么稀奇事。

朝代更替的时候改变计量单位，这事太常见了。因为新皇帝通常都想让百姓改掉前朝的习惯，抹掉上一个皇帝统治下的痕迹，而计量单位是百姓日常生活中经常使用的，把它一改，就能够直接影响百姓的生活。

比如，秦始皇在统一六国之后就把它们的计量单位都改了，让大家全都使用一套单位，他甚至还把文字统一了。

不过，既然历史上这种事已经发生了无数次，为什么偏偏是国际单位制最后传播到了全世界呢？

## 新单位制的出现和统一

第一个原因是，这次的“改朝换代”实在是太特殊了。200 多年前，发生了“法国大革命”，它影响的可不止法国，还影响了法国以外的欧洲、南美、亚洲和非洲，一些国家纷纷效仿法国的做法，取消了国王和皇帝，建立了全新的国家。

可以说，正是法国大革命促进了新的思想和改革措施的传播。在改革措施中，其中一项就是推行新的单位制。

1789年7月14日，巴黎人民攻占巴士底狱，拉开法国大革命的序幕

法国大革命带来的影响，是新单位制传播开来的第一个原因，而第二个原因则与科学的发展有关系。

在国际单位制推行之前，世界各地的人用的都是不一样的单位，比如，度量长度的单位，有的地方用“里”，有的地方用“米”，有的地方用“肘”，等等。

而且，就算是同一个地方，使用的单位也可能非常多。有人统计过 19 世纪之前法国人用的单位，竟有 2 万多个！因为单位太多，科学家做研究的时候光是换算单位就要弄半天，非常麻烦。随着科学的发展，制订一套统一的单位就非常有必要了。

于是，法国科学院的科学家就着手制订了一套全新的单位。过了几十年，科学家就意识到它太好用了。德国的科学家们也用上了它，还分析出了一系列的换算规则，让这套单位变得更加好用。这样一来，科学家写论文以及与同行交流的时候就更方便了。

后来，这套单位制经过发展和完善，被定名为我们熟知的国际单位制。

这套单位制的制订非常严格，我先问问你，你知道 1 米到底有多长吗？米最初的定义是“北极点经巴黎到赤道的千万分之一长度”，即地球周长的四千万分之一长度。为什么要说得这么别扭呢？这是因为，科学家们制订一套新的单位的目的是要找到度量世界的可靠的尺子。

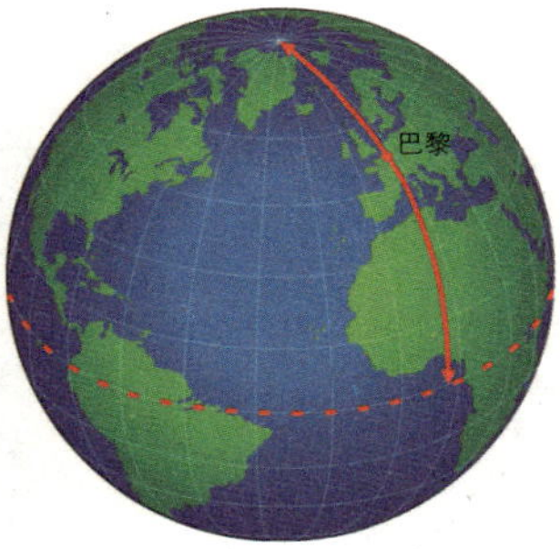


米最初被定义为“北极点经巴黎到赤道的千万分之一长度”

这里有个重要的思维方式：若要建立可靠的标准，就得让它建立在可靠的事物的基础上。想要尺子可靠，就得找一个靠谱的参照物。比如，你不能把米定义为张三的身高，不然张三明年长高了，米的长度不就跟着他的身高改变了吗？

所以，科学家就想到了地球，地球周长的长度应该不会变，这是可靠的。当然，也有一个前提，就是地球必须是非常圆的，不然的话，不同地点的周长长度就会不一样，那米代表的长度不就会变来变去了嘛。

怎么知道地球圆不圆呢？法国科学院此前曾派出了两队科学家去测量地球的形状。

第一支队伍去了北极，这一队的测量花了不到两年的时间。第二支队伍的目的地是南美洲的秘鲁，他们花了数年时间完成了测量任务。按说任务结束后就得回去了，但这时候队长和其他人发生了分歧，其中一个探险家觉得既然来了，费了这么大劲，应该把亚马孙丛林的生物考察一下再走。

法国科学院

双方争执不下，最后就分成了几个小队。探险家留在雨林里，又考察了一段时间才回家。等他回去之后，发现家里已经给他把葬礼都办完了。家里人看他这么长时间没回来，以为他早就死在南美洲了。

那么，去北极和南美洲的这两支队伍，最终的测量结果怎么样呢？由于解释起来很复杂，还涉及当时法国人使用的奇怪单位，这里就不展开讲了。总之，两支队伍测量到的数据差距很小。

这就说明，地球的确挺圆的，地球周长的长度的确可以作为可靠的依据。那么，用地球周长的四千万分之一来作为米的长度，也是可靠的。

从此，人类就有了一把可靠的尺子来度量长度。不过，随着科技进步，米的定义也不断被更新。

## “千克”的出现

确定千克这个单位的定义的时候，科学家们也很较真。

千克的定义比米晚“出生”8 年，它最初的定义是“1 立方分米的纯水在 4 摄氏度下的质量”。注意，这一句的每个字都是有意义的，没有一点废话。

这里面涉及两个单位，立方分米和摄氏度。因为之前已经定义过米了，所以 1 立方分米也能轻易地换算出来，它也是精确的。那么，4 摄氏度呢？它是不是精确的呢？答案当然是非常精确。

因为摄氏度也有严格的定义，它的定义建立在“标准大气压”的定义之上。前面说了，若要建立可靠的标准，就得让它建立在可靠的事物的基础上。

法国科学院把标准大气压的定义建立在米这个概念的基础上，它的定义是“760 毫米高的水银柱产生的向下的压强”。而既然米这个长度单位可靠，标准大气压的定义自然也是可靠的。

那么摄氏度呢？科学家把标准大气压下冰和水充分混合以后的温度定义为 0 摄氏度，把标准大气压下水烧开时的温度定义为 100 摄氏度，0～100 摄氏度之间平均分成 100 份，每一份就是 1 摄氏度。摄氏度与标准大气压有关，标准大气压又与米有关，所以它的定义也是完全明确的，没有任何模糊的信息。

现在回到千克这个单位，它的定义是“1 立方分米的纯水在 4 摄氏度下的质量”，它建立在精确的单位的基础上，自然也是可靠的。于是，人们又获得了千克这把度量重量的标准尺子。

## “秒”的应用

米和千克都是法国大革命时期被发明出来的新单位，而下面要讲的这把尺子——丈量时间的单位“秒”就不一样了，它是基于几千年前的古老发明而发展出来的。

在很久以前，古人就已经把 1 天分成 24 小时，把 1 小时分成 3 600 秒。在法国人制订单位方案时，他们就直接把这套古老的时间度量体系拿过来用了。

长度和重量是可以感知的，相比之下，时间看不见摸不着，想测量其实不容易。最开始的钟表上只有时针，人们测量时间的精确度只能到 1 小时左右；到了约 17 世纪，表盘上才增加了分针和秒针，1 秒才真的被人们测量了出来。

# 食品故事与技术篇

奇妙的创意源自有趣的原理

# 巴氏杀菌法——食物可以存放多久

巴氏杀菌法又叫巴氏消毒法。我们喝的牛奶、果汁，大人喝的啤酒、葡萄酒，都要经过巴氏杀菌法的处理，很多饮料的包装上还会清楚地写着“本商品经过巴氏杀菌法消毒”。处理的过程其实并不复杂，就是通过加热杀死这些饮料中的大部分微生物。都是通过加热来杀菌，这和我们常见的煮沸消毒法有什么区别呢？

巴氏杀菌法和煮沸消毒法还真不太一样。一般来说，用高温杀菌的话，温度越高，就能杀死越多像细菌那样的微生物。煮沸消毒法需要将液体煮沸，但是巴氏杀菌法就不一样了，它不是要求温度越高越好，而是控制得越严格越好。

比如，牛奶厂要给牛奶杀菌，如果采用巴氏杀菌法，就可以选择把牛奶加热到约 62 摄氏度，持续 30 分钟，这样一来，牛奶中的微生物就减少了约 98%。那么，为什么不再提高一点温度，再多杀死一些呢？这就要从巴氏杀菌法的发明者——巴斯德开始说起。看完他的故事，你就明白是怎么回事了。

## 巴斯德的实验

巴斯德是 19 世纪的一名法国化学家。在他居住的小镇里，夜里只有一扇窗户里的灯是亮着的——那里是巴斯德的实验室，他正点着油灯做实验。实验室里温度很高，不断有刺鼻的酸味散发出来。这段时间巴斯德努力做实验，就是为了弄明白一个问题。

是什么问题让巴斯德这么卖力呢？原来，那时候大家都在研究一个问题，就是“鲜牛奶是怎么变成酸牛奶的”。鲜牛奶变成酸牛奶，这是从一种物质变成了另一种物质，按照化学上的定义，这应该是一种化学变化。

大多数化学家都是把这个过程当作化学变化来研究的：先看看鲜牛奶的化学结构是什

巴斯德在他的实验室做实验

么样的，酸牛奶的化学结构是什么样的，再看看两种结构之间是怎么转化的。

但是，巴斯德认为从鲜牛奶变成酸牛奶有可能不是简单的化学变化，至少不是看起来这么简单，他认为一定有什么看不到的、有生命的东西在发挥作用。

我们现在都知道，牛奶变酸的过程叫作发酵，是一个比较复杂的过程。豆腐变成腐乳，白菜变成酸菜，也都经过了发酵。在这一过程中，其实是有各种各样的微生物在发挥作用的。一些化学家把这个过程当成了简单的化学变化，当然摸不到头绪了。

为了找到答案，巴斯德经常做实验到很晚。这不仅是因为有大量的实验要做，还因为发酵的过程非常慢，做一次实验就需要好几天。所以，在那段时间，巴斯德实验室的灯总是小镇上最后熄灭的。

经过一年多的实验，巴斯德证实了自己的猜测，在鲜牛奶变成酸牛奶的过程中，确实有一些有生命的东西在发挥作用。人类看不见的这些小东西怕热，温度超过一定温度的话，它们就发挥不了作用，牛奶也就不会变酸了。

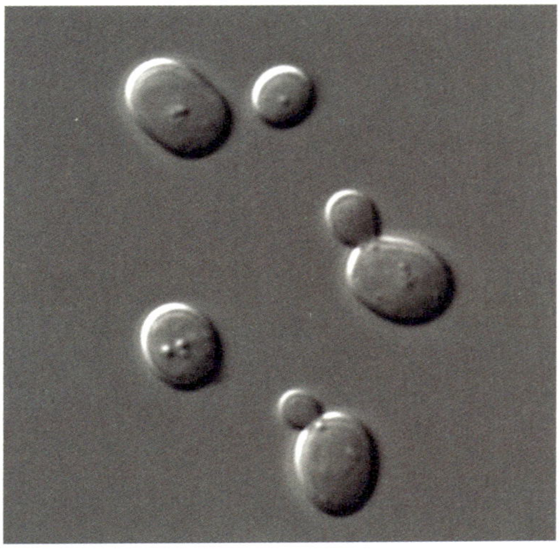
微分干涉显微镜下的酵母菌

巴斯德还用显微镜在发酵的食物里观察到了那些不停活动的小东西：有的形状是长条的，有的看起来像葡萄粒一样。那些奇形怪状的小东西就是不同种类的微生物，长条的是乳酸菌，像葡萄粒的是酵母菌。

实验结果公布之后，在学术界引起了不小的轰动。后来很多葡萄酒商人找到了他，这些酒商带来了一大堆好的、坏的葡萄酒，他们请巴斯德一定要帮忙想想办法，因为变坏的葡萄酒给大家带来了很多麻烦。

## 葡萄酒变坏的原因

我们今天在世界各地都能喝到法国的葡萄酒，但是在那个年代是做不到这一点的。为什么呢？因为葡萄酒太容易坏了，经常有葡萄酒因为变酸而被退回来。葡萄酒商人们对此非常头疼，就连在法国本地，这样的事都经常发生，更不用说酿一大批葡萄酒卖到世界各地去。

巴斯德

巴斯德的研究成果一公布，这些葡萄酒商人就想，自己的葡萄酒变酸，会不会也和那些看不见的小东西有关呢？他们把合格的葡萄酒和变酸的葡萄酒都带到了巴斯德的实验室，看看他有没有什么办法阻止葡萄酒变酸——当然，前提是不能影响葡萄酒的味道和口感。

突然有了这么多可以做实验的材料，巴斯德喜出望外。他通过反复对比和实验，发现新鲜的葡萄酒里有很多酵母菌，而变酸的葡萄酒的酒桶里有乳酸菌，但没有酵母菌。

我们可以把酵母菌看作“好人”，而乳酸菌是“反派”，可以让葡萄酒变酸。随着时间的流逝，越来越多的“反派”把“好人”挤走了，那么葡萄酒十有八九是要变酸了。

实验有了结果，事情就有了转机：只要想办法杀死乳酸菌就行了。乳酸菌怕热，温度一旦达到约 62 摄氏度，乳酸菌就会受不了的。

我们在约 62 摄氏度的条件下，持续杀菌半小时，就能把乳酸菌都杀死。这就是巴氏杀菌法。

## 控制温度的重要性

我们回到最开始的那个问题。为什么不再提高一点温度，多杀死一些微生物呢？是为了不影响味道和口感吗？的确是这样。如果不严格控制温度的话，对味道和口感影响还不小呢。

就拿人们都非常熟悉的牛奶来说，如果按照巴氏杀菌法，在约 62 摄氏度的条件下加热 30 分钟，30 分钟之后牛奶中的微生物数量降低了 98% 左右，牛奶的味道和口感不会有太大的变化。

但是，如果我们把温度升高，假如说升高到 135 摄氏度，在这么高的温度下，只需要几秒钟，牛奶里那些微生物就全都被消灭了。这样处理过的牛奶，只要不拆包装，不用冷藏也能保存 6 个月以上。

但是只要你尝一尝，就会发现分别在这两种温度下杀菌的牛奶，在味道和口感上有一些区别，这是因为在超高温杀菌的过程中，牛奶中那些影响了味道和口感的物质也受到了影响，从而改变了味道和口感。

牛奶厂里的巴氏杀菌设备

# 罐头食品——能存放很久，是因为加了防腐剂吗

说起罐头，大家肯定很熟悉，超市里有水果罐头、牛肉罐头、鱼肉罐头，等等。那你有没有听说过一种“末日求生罐头套餐”呢？这种罐头套餐并非是真的为世界末日准备的，而是为了在发生紧急情况或自然灾害时使用的。

这个套餐有几百个罐头，里面有肉、奶、米，还有蔬菜、水果，总重量达 800 多千克，差不多够一个四口之家吃一年。最令人吃惊的是，这些罐头的保质期最长有 30 年。

罐头为什么能保存那么长时间？人们是怎么想到要发明罐头的呢？故事要从 200 多年前的一场战争开始讲起。

## 罐头起源于战争

200 多年前，法国的将领拿破仑正在准备和英国海军展开一场殊死较量。战争就要打响了，可是这位军事天才却一筹莫展，完全没有了以往自信满满的样子。是什么困扰着他呢？是英国海军太厉害了，还是拿破仑只擅长在陆地上打仗，不擅长海战？这两个都不是最主要的原因，拿破仑最担心的是，一旦到了海上和英国人打起来，士兵们吃饭是个难题。

在海上打仗和在陆地上打仗有一个很大的区别：在陆地上的话，不管打多长时间，士兵们的食物供给都可以源源不断地从后方送过来；但是海战就不一样了，去海上打仗，最好一次把食物带够。

那么问题来了：战争一打就是几个月，食物带少了的话，仗还没打完就吃没了，要是带多了，保质期又不够长，很多东西还没吃就坏掉了。所以，拿破仑此时非常需要一个延长食物保质期的办法，这样就能放心地多带一些吃的，而不怕坏掉了。他张贴出告示，悬

赏 12 000 法郎，征集保存食物的方法。

如果你穿越到拿破仑的时代，看到这样的告示，你没准就会想到巴氏杀菌法，好好研究一下，说不定真能赚到这 12 000 法郎呢。不过，拿破仑和英国人展开海战的那一年，发明巴氏杀菌法的巴斯德还没有出生呢。所以，对当时的人们来说，延长食物保质期的确是一个棘手的问题。

在那个年代，12 000 法郎相当于一个普通法国人大概 30 年的收入，所以这笔奖金是相当有诱惑力的。拿破仑收到了很多方案，经过反复比对，最后选择了一个名叫阿佩尔的人提供的方案。阿佩尔是一名糖果商人，按照他的方法把食物保存在玻璃瓶中，食物在 3 个月内都不会变质。拿破仑的军队按照这个方法保存的食物，可以看成是早期的罐头。

阿佩尔的画像

虽然拿破仑的军队最后还是输给了英国海军，但是罐头慢慢变成了战争中常见的食物。在后来的战争中，罐头起着至关重要的作用。在第二次世界大战的战场上，美国军队携带的物资中，必不可少的就是一种叫作世棒（SPAM）的罐头。

SPAM 一般被认为是 spiced ham 的缩写，翻译过来的话，就是“调味火腿”，也就是我们所说的“午餐肉”，这种罐头直到今天还很常见。美国的士兵觉得午餐肉虽然保质期够长，但是味道不怎么样，但午餐肉提供的热量对保持士兵体力至关重要。

1936年荷美尔公司生产的调味火腿罐头（后来被重新包装为世棒罐头）

在第二次世界大战之后，罐头受到了更多的关注，成为大众食品，走进我们的生活。

## 阿佩尔的秘诀

罐头的来历讲完了，接下来说说另一个问题：罐头里的食物为什么那么长时间都不变质？要弄清楚这个问题，我们可以先研究一下那个糖果商人阿佩尔的方法，看看他是怎么做的。

阿佩尔的做法是，先把食物（比如他做糖果常用的果汁）装进玻璃瓶，用软木塞把玻璃瓶的瓶口堵住，然后把瓶子放进开水里浸泡大概1个小时。随着瓶子慢慢变凉，软木塞塞得越来越紧，他再用蜡封住软木塞的周围，做到彻底密封。这样一来，食物就不容易变质了。

我们不妨用之前学到的知识，来研究一下阿佩尔的做法。我们已经了解到，像果汁、牛奶等食物之所以会变质，是因为有像细菌这样的微生物在作怪。

阿佩尔先用开水浸泡一段时间，按理说就消灭了果汁里的微生物；之后再用蜡封住瓶口，这样就隔绝了空气，不让外面的微生物溜进去。里面没有微生物，外面的微生物又进不去，果汁就不容易腐败了。

听起来好像说得通，不过有一个前提，就是那些让果汁变质的微生物是在空气里的，不是从果汁里长出来的。如果食物里面可以长出微生物的话，那么不管阿佩尔把玻璃瓶封得多严密，都是没有用的。

## 鹅颈瓶实验

那么，这些微生物到底是不是在空气里呢？还记得巴斯德吧？这个问题，也是巴斯德帮我们找到答案的。

他是这样做的。先煮一锅肉汤，把肉汤灌进一个玻璃瓶里，然后给玻璃瓶加热，把肉汤煮开。肉汤沸腾一段时间之后，里面的微生物就差不多都被消灭了。紧接着，用火去烧玻璃瓶的瓶口，玻璃被加热的时候会变软，他趁热把变软的瓶口拉长变细，给它做个造型——S形。

做成S形可是有玄机的，这样瓶口不仅变窄了，还加了两道弯儿，空气要想流进玻璃瓶里面就会非常困难。如果微生物是在空气里的话，就会被卡在靠近瓶口的S弯附近，那里的空气比较潮湿，空气的流动又很缓慢，可以把微生物困在这里。

我们不妨来想象一下：要是那些微生物真的只存在于空气里的话，巴斯德的这个实验会出现什么样的结果呢？如果我们什么都不做的话，空气里的微生物就很难接触到肉汤，那么肉汤应该在很长一段时间内都不会变质；如果我们每天都把玻璃瓶倾斜一下，让肉汤流到靠近瓶口的S弯附近，肉汤就接触到了困在那里的微生物，并把它们带回瓶子里，再过一段时间看看，肉汤就腐败了。

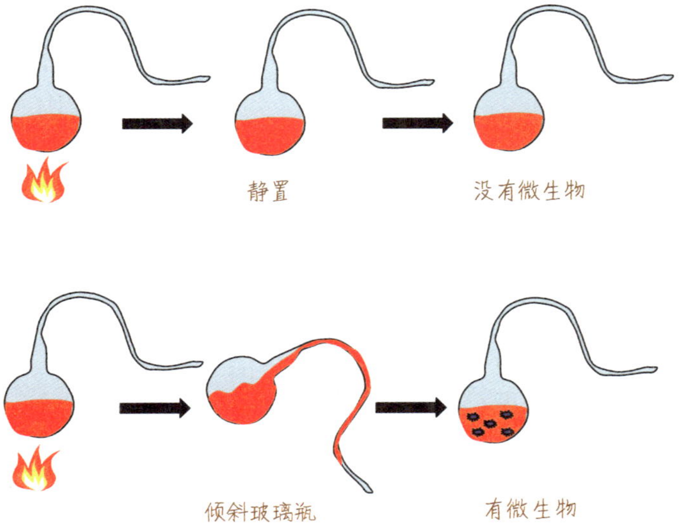


巴斯德的鹅颈瓶实验示意图

那么，如果微生物不是存在于空气里，而是从肉汤里长出来的，这个实验会怎么样呢？你肯定也想到了，对不对？那样的话，就算我们什么都不做，不用倾斜玻璃瓶，不用让肉汤去接触微生物，玻璃瓶里的肉汤也会很快腐败的。

实际上，这个实验就是历史上特别有名的鹅颈瓶实验，因为 S 形的瓶颈看起来很像一只鹅的脖子，所以得名。

巴斯德在这个实验里观察到的现象，就是我们推测到的情况，肉汤好几个月都没有变质，但是肉汤一接触靠近瓶口的 S 弯，就像带回了什么脏东西，没过几天，肉汤就腐败了。

巴斯德的鹅颈瓶实验证明，微生物确实是存在于空气里的，也间接告诉我们糖果商人阿佩尔的方法为什么管用。

## 创意延展

### 不受微生物欢迎的食物

罐头的出现，是为了防止食物在微生物的作用下变质，也正是因为食物会变质，所以我们今天的食品包装上几乎都印着保质期。那么，你知道哪些食物的保质期很长吗？

其实，微生物的生长需要一定的条件，并不是所有食物或者饮料都像牛奶和果汁那样适合微生物生存。下面这 5 类食品就属于不受微生物欢迎的食品，它们分别是食醋、食盐、固态的食糖、味精和酒精度大于等于 10% 的酒。微生物在这些食物里面很难生存，所以在储存得当的前提下，这几类食品的保质期会很长。

# 方便面——怎样更方便地吃面

1991 年，几个年轻人从中国台湾来到大陆投资办厂，他们在火车上吃着自己带的方便面，香气飘满了整个车厢。很多人都围过来问，这方便面是什么牌子的，在哪儿买的。他们不是没见过方便面，是没见过这么香的方便面。

这几个年轻人一看，方便面这么受欢迎，就办起了工厂，专门生产方便面。他们的方便面果然卖得很火爆，年销量一度超过 60 亿包。这几个年轻人就是康师傅方便面的创始人——魏氏兄弟。

魏氏兄弟让更多的人感受到了方便面的便利，但是他们并不是发明方便面的人。这个故事，还得从 60 多年前开始讲起。

## 方便面的发明人：安藤百福

1958 年，48 岁的日籍华裔安藤百福刚刚经历事业上的再一次失败，赔了个精光不说，事业也失去了方向。那年冬天，他在街上晃荡，看到有一家面馆门前排了很长的队，排队的都是些看起来生活落魄的人。在寒冷的天气里排这么久的队，是因为这家面馆的面特别好吃吗？不是，那就是一家普通的卖素面的小馆。素面就是没有肉的面。大家来这家面馆前面

安藤百福研制方便面的“实验室”，来自日本大阪池田杯面博物馆

排队，主要是图便宜。

这么冷的天，要是能快点吃上就好了。安藤百福想，如果事先把面煮好，盛出来，客人来了直接端一碗给他，不是能节省很多时间吗？你肯定也知道，这样是不行的，因为盛出来的面条放太久的话，就会粘在一起，变成一大团了。看来只能缩短煮面的时间了，要是发明一种面，用开水泡一泡就能吃的话，一定会很受欢迎的。

有什么办法可以解决这个问题呢？安藤百福不停地做实验，像个科学家一样冥思苦想，但始终都没有找到好办法。

后来还是他的妻子给了他灵感。那天，妻子在厨房炸鱼，安藤百福看到了，突然来了灵感：用油炸行不行？他把面条先煮熟，然后捞出来，再用油把面条炸干。炸干之后的面条没有水分，是脆的，可以保存几个月。想吃的时候，用开水泡几分钟，面就可以像第一次煮出来那样筋道。安藤百福成功了。

## 日清食品公司成立

如果你研制出了这种方便的面条，下一步要做什么呢？去街边开个小店，和卖阳春面的老板竞争一下，还是干脆开个公司，批量生产，让更多人吃到这种方便的面条？

常见的块状方便面面饼

安藤百福选择了第二种做法。他设计出了世界上第一款方便面——日清鸡汤面，他的公司就叫日清食品公司。日清鸡汤面的面饼重量为 85 克，和咱们现在的方便面面饼差不多。这种方便面的包装袋里只有一个调料包，是鸡汤口味的。

日清鸡汤面一上市，就风靡日本。不过，两年之后，安藤百福遇到了新的麻烦。日清鸡汤面太畅销了，市面上出现了好多冒牌货：做法一样、包装一样，就连名字都一模一样，只是用料不一样。这些冒牌货用的都是劣质的油炸面饼，面饼有一股不新鲜的味道，这样就大大影响了日清鸡汤面的销量。

安藤百福很着急，于是开始申请商标和专利，并起诉侵权的公司。

后来，到了 1963 年，安藤百福的公司收到了反垄断警告，他不得不放弃了制作方便面的专利权，公开制作方法——不过这也没什么，安藤百福根本不在乎。因为这时候，他的日清食品公司已经发展出许多家分公司了，每年能生产上亿包方便面，是毫无争议的行业龙头企业。

## 方便面的多样化

又过了几年，安藤百福在日本已经卖不出去更多的方便面了。他考虑尝试进军美国市场，用他最看好的一款方便面去试试看。这时候，美国人还没见过方便面，安藤百福不得不面对一些以前没有遇到过的问题。

杯面模型

比如，大多数美国人都不怎么会用筷子，一碗香喷喷的方便面摆在面前，他们不知道怎么用筷子吃。

再比如，很多美国人第一次见到方便面，都以为是饼干。他们的第一反应是把方便面揉碎了干嚼——就跟我们现在吃干脆面似的。后来听说这种面是要泡着吃的，他们又把方便面掰开，放在喝水的纸杯里，然后浇开水，撒调料。到美国推销方便面的日本代表看了，哭笑不得。

不过安藤百福却从中受到了启发，他按照美国人对方便面的反应，给方便面做了一种纸杯包装，里面还配了一只叉子。这样一来，只要有开水，就能随时随地端着纸杯吃方便面了。这种方便面现在依然非常受欢迎，它叫作杯面。

就这样，袋装的方便面和杯面都出现了。后来，方便面传到了其他地方。

如今，全世界各种各样的方便面太多了。根据 2019 年的数据，那一年全世界平均每个人要吃约 14 包方便面，全世界总消费量可是个不小的数字。

最开始的时候，安藤百福的日清鸡汤面 1 包要卖 35 日元，那些人排队吃的素面多少钱呢？才 6 日元，也就是说买 1 包日清鸡汤面的钱差不多可以买 6 碗素面。杯面的价格就更贵了。

在今天，大多数方便面都不算贵。这种随时随地都能快速享用的面之所以这么流行，还是因为它名副其实，确实非常方便。

## 创意延展

### 方便面要怎么吃才健康呢

很多人都指责方便面不健康，营养成分单一，因为长期吃方便面的话，就容易少吃优质蛋白质以及蔬菜、水果等富含膳食纤维、维生素的食物，营养不够均衡。

方便面的健康吃法是：首先，尽量选择非油炸的方便面；其次，调料包里的调料要酌量添加，虽然袋子上写了要酌量添加，但是大多数人都是一股脑地全加进去，其实调料里面的油脂和盐都不少，还是酌量添加比较健康；最后，吃方便面的时候，可以搭配一些鸡蛋、虾、豆腐、蔬菜等食物，这样营养更均衡。

# 不粘锅——曾经是军事机密

看了这么多发明故事，你可能也注意到了：一些物品的发明多多少少都有一些运气的成分。而发明不粘锅，可以说 95% 靠的是运气，剩下那 5% 是由不同的人做出的努力。说起来，不粘锅的发明和研究制冷剂时的一个意外息息相关，这是怎么一回事呢？

制冷剂一般都是空调和冰箱里面用的。四氟乙烯是一种可以被用来制作制冷剂的气体。这种气体特别不稳定，一般都是保存在钢瓶里。

## 四氟乙烯的聚合反应

1938 年的一天，美国化学家普朗克特和他的助手正在实验室里研发新型的制冷剂。他们遇到了一点小问题，本该装满四氟乙烯的钢瓶，不知道怎么回事，就是放不出气体来。是用光了吗？普朗克特想，不可能，才用了没多久，不可能用光。

普朗克特和助手晃了晃钢瓶，听到了一些声响，里面好像有什么东西。这太奇怪了。他们干脆把钢瓶的阀门拆下来，一看，里面确实是没有气体了，不过他们从钢瓶里倒出来很多白色的粉末。钢瓶里面原本只有气体，这些白色粉末是哪儿来的呢？

看来不得不把钢瓶锯开了。锯开钢瓶之后，普朗克特和助手发现，钢瓶里有更多粉末，看起来像蜡一样。四氟乙烯应该是在钢瓶里发生了什么反应，变成了这些白白的粉末。

阀门拆了，钢瓶也锯开了，普朗克特想要搞清楚这些白色的粉末到底是什么，它们是怎么出现在钢瓶里的。不管怎么样，分析神秘物质的成分本来就是化学家最拿手的活儿。

但是这种白色的粉末好像不是一般的东西，在实验的过程中，不管普朗克特是加热、冷冻，还是试图用水或者酒精溶解它们，都没有用，这些白色的东西既不分解，也不溶解，顽固得很。

就连能溶解黄金的王水，对它们都不起作用。这让普朗克特意识到，自己发现了一种新的材料，虽然不知道它到底是什么，但起码知道它非常禁得起折腾。

既然钢瓶里之前装的是四氟乙烯，那么这种新材料应该和这种气体有关。经过一系列严谨的推断、分析和测试，普朗克特终于找到了答案，原来四氟乙烯在钢瓶里发生了聚合反应。什么是聚合反应呢？如果我们把一个四氟乙烯的分子当成一个小人的话，那么聚合反应就是许多个小人手拉着手抱成了团，生成的大分子就叫聚四氟乙烯。聚四氟乙烯还有个别名，叫特氟龙。

## 聚四氟乙烯的稳定性

通过前面的介绍，我们知道了聚四氟乙烯非常稳定，好像怎么折腾都不会发生变化。普朗克特想，既然这么稳定，摸一摸应该也不会有什么问题吧？他试着用手摸了一下，还挺光滑的。这样的材料能不能做润滑剂呢？如果能的话，肯定比润滑油强多了。

为什么呢？润滑油是油，摸起来也是滑溜溜的，但是油作为润滑剂有各种问题。比如，温度比较高的时候，油很容易着火；油还比较容易和空气里的氧气发生化学反应，性质变了的话，就没有那么润滑了。

而这些问题，用聚四氟乙烯就可以完美解决：它既不怕高温，在正常情况下也不会与氧气发生反应，用聚四氟乙烯做润滑剂的话，肯定非常好。

## 军事机密

可是，聚四氟乙烯这种材料被意外发现之后，不仅没有得到广泛的应用，反而一下子销声匿迹了。为什么呢？原来聚四氟乙烯被参与美国原子弹计划的科学家看中了，他们认为这样的高科技材料一定得严格保密。因为这样的材料要是用于本国的武器研发是非常理想的，但要是被敌人掌握了，那肯定也会带来不小的麻烦。所以，一直到第二次世界大战结束，聚四氟乙烯才被更多的人知道。

看到这里，你可能会想，这好像和不粘锅没什么关系。别着急，接着往下看。

第二次世界大战结束后，聚四氟乙烯的应用范围就从军事领域扩大到了日常生活，这

20世纪时美国田纳西州橡树岭的K-25气体扩散工厂，生产用于制造核武器的浓缩铀。聚四氟乙烯曾是该工厂的秘密材料

时离不粘锅的出现就不远了。

## 发明不粘锅

1954 年，法国有一位爱钓鱼的工程师，他几乎每周末都去钓鱼。其他人的钓鱼线总是动不动就打结，几米的线缠在一起，基本上就不能用了，但是这位工程师就很少出现这样的情况，怎么回事呢？因为，那时候聚四氟乙烯已经出现在人们的生活里了，这种材料具有润滑效果，他把聚四氟乙烯粉末涂在钓鱼线上，这么一来，钓鱼线就变得非常光滑，没那么容易缠在一起了。

在一个普通的周末，这位工程师钓到了一条大鱼，他的妻子打算做一道煎鱼来当晚餐。结果她手忙脚乱的，不小心把鱼煎煳了，鱼皮粘在锅底，黑乎乎的，煎鱼吃不成了，煎鱼的锅也很难刷。

她突发奇想：聚四氟乙烯既然能涂在钓鱼线上，是不是也能涂在锅里呢？在平底锅里涂上一层聚四氟乙烯，是不是就能防止鱼皮粘在锅底呢？她把这一奇思妙想告诉了工程师丈夫，顺着这个思路，他们夫妻俩研制出了第一款涂了聚四氟乙烯的平底锅，效果不错，不粘锅就这么出现了。

就这样，人们从研究制冷技术时的一个小意外开始，一个想法接一个想法，做出了我们今天常用的不粘锅。值得一提的是，化学元素氟其实是一种非常危险的元素。

20世纪60年代的不粘锅广告

在研究制冷技术之前，还有很多科学家为了能够正确认识氟元素，做了大量的工作。很多研究氟元素的科学家曾因为中毒而健康受损，甚至中年就去世了。正是基于他们的研究，后来的这些想法才能一个接一个地实现。

不粘锅的出现，可以说 95% 都是因为运气，但是剩下那 5% 的努力，对不粘锅的发明来说更重要。

## 创意延展

### 使用不粘锅的时候，应该注意什么

因为有了聚四氟乙烯涂层，食物就不容易粘在锅底。但是这一涂层其实很容易被刮破，所以我们用不粘锅烧菜的时候，应该避免使用金属的铲子或者勺子，尽量用木质的或者硅胶的铲子或勺子。

另外，聚四氟乙烯在 260 摄氏度以下的条件下是很稳定的。我们炒菜的温度一般在 150～210 摄氏度。除非是用高温油炸，否则锅里的温度很难超过 260 摄氏度。所以我们日常炒菜时，一般是不会有问题的。

# 微波炉——雷达专家的意外发现

和不粘锅一样，微波炉也可以视为由意外发现引出的发明，而这往往基于人们对身边现象的仔细观察。不过，发明者并不是在厨房里观察到的，而是在一个高科技的雷达实验室里。这是怎么回事呢？

## 实验室的意外

1941 年，美国加入第二次世界大战。随后，美国启动了曼哈顿计划，就是造原子弹。当时还有一个军事项目和曼哈顿计划同样重要，就是雷达项目。我们在讲无线电时介绍过电磁波，雷达的原理就是向外发射电磁波，电磁波接触到物体之后会被反射回来，雷达通过接收反射回来的电磁波，判断物体的速度、距离等信息。

所以，发射电磁波的设备很重要，其中有个器件叫磁控管。它的技术含量很高，需要有专业的人才来负责研发和生产。

当时参与了雷达项目的人有雷神公司的斯宾塞，他是当时世界上雷达设计方面的顶级专家。斯宾塞因为工作实在是太忙了，经常不能按时吃饭，就在口袋里装了一些巧克力，饿的话就吃两块来补充能量。

磁控管（示意图）

我们都知道，巧克力比较容易熔化，温度高一点，它就变得黏糊糊的，很难清理。斯宾塞有好几次把手伸进裤子口袋的时候，摸到的都是已经熔化的巧克力。

这天，斯宾塞站在一组正在运行的磁控管旁边，感觉有点饿，想拿出巧克力补充一点能量。结果一摸，巧克力又熔化了。这下引起了斯宾塞的注意：这好端端的巧克力，在家里没问题，怎么一来实验室就熔化了呢？斯宾塞决定在这个实验室里寻找巧克力熔化的原因，他首先怀疑的就是磁控管。因为磁控管发出的电磁波导致巧克力熔化是完全有可能的。为了证实这个猜测，斯宾塞又做了几个小实验。他拿了几样东西，放到了磁控管旁边，然后打开开关，结果，玉米粒变成了爆米花，生鸡蛋直接就炸裂了，蛋清崩得到处都是。

## 第一台微波炉诞生

斯宾塞一下子意识到，这就和一把看不见的火一样，雷达里面的磁控管可以用来给食物加热！顺着这个思路，斯宾塞利用业余时间，反复地实验，精心地设计，做出了世界上第一台微波炉。

1947 年，雷神公司推出了第一款微波炉。这款微波炉重约 340 千克，比现在一般的摩托车都重。这款微波炉当时卖 5 000 美元，按照现在的汇率，差不多相当于 35 000 元人民币一台。

你可能会说，这也太贵了吧，35 000 元人民币现在能买好多台微波炉了。其实，这款微波炉比我们想象的还要贵得多。那时候美国最便宜的汽车才 1 000 多美元，一个普通人的年收入差不多也就 2 200 美元。花 2 年多的收入买一台微波炉，买回来用不了多久就容易坏。要是真有人花 2 年多的收入买了这台微波炉，可能就没钱吃饭了。

所以，那个时候微波炉根本不是普通人买得起的。一直到了后来，技术进步了，产品的成本越来越低，微波炉的售价才越来越低。到 1967

雷神公司生产的早期微波炉，安装在核动力商船的厨房中

年的时候，一款物美价廉的微波炉出现了，售价是 495 美元，降到了最开始的十分之一左右。

斯宾塞在研究雷达磁控管的过程中，意外冒出了这样的想法。他是微波炉毫无争议的发明者，也是当时世界上顶尖的雷达设计专家。而你可能不知道的是，斯宾塞成为一名雷达专家，也是因为一个意外。他选择无线电技术工作，其实和一场著名的意外有关，就是泰坦尼克号的沉没。

## 电报员的英勇事迹

泰坦尼克号撞上冰山而沉没的那年，斯宾塞才 18 岁，那时候他还是一个电工。泰坦尼克号沉没的新闻轰动了全世界，然而最吸引斯宾塞的并不是这艘大船的沉没，而是一位幸存者发在《纽约时报》上的一段话："我永远都不会忘记，在最后那可怕的 15 分钟，周围的人都在大喊大叫，而菲利普斯就站在那里，专心致志地完成他的工作，直到最后一分钟。"

这个名叫菲利普斯的人是泰坦尼克号的电报员。泰坦尼克号撞上冰山之后，菲利普斯一直在发出求救的信息，并且成功地和附近的一艘商船联系上了。前来救援的商船还要几个小时才能到达，而泰坦尼克号正在下沉，但是菲利普斯没有逃跑，他继续在自己的岗位上不停地发送电报。

德国画家威利·斯托尔描绘的泰坦尼克号沉没的场景

菲利普斯的事迹对斯宾塞的触动很大，从那之后，他就决定从事无线电工作。斯宾塞先是加入了海军，在军队中学习了无线电技术，并在退役后加入了雷神公司，一干就是 20 年，成为当时世界上顶级的雷达设计专家，还在研究雷达的过程中意外地发明了微波炉。

## 创意延展

### 微波炉的工作原理

在我们今天的生活里，用微波炉加热饭菜非常方便。去网上查一下的话，我们还能找到很多微波炉专用菜谱。那么，微波炉给食物加热的原理是什么呢？

简单地说，微波炉的微波其实就是一种电磁波，而电磁波可以引起水分子的剧烈运动。比如我们用微波炉给饭菜加热的话，电磁波就会带动饭菜中的水分子剧烈运动，把热量传递开来，饭菜就被热好了。

# 冰箱——有趣的原理与奇妙的想法

冰箱在我们今天的生活里可谓功不可没。买回来的蔬菜、水果可以放进冰箱，吃剩的饭菜可以放进冰箱，冰箱帮我们延长了食物的保存时间，还能让我们在夏天喝到可口的冷饮。

## 冰箱制冷的原理

早在 20 世纪初，已经出现了最早的家用冰箱。冰箱制冷的原理和中学课本提到的热力学定律有着密切的关系。这一原理很简单，也很有趣。不过，要弄清楚冰箱制冷的原理，我们得先了解一个简单的现象——烧水。

烧水再平常不过了。我们通过加热，把凉水烧到沸腾状态，这其实经过了两个不同的阶段。

第一个阶段就是，水通过吸收热量，温度不断上升。你在这个阶段好像看不出什么太大的变化，但是水的温度是在升高的，你不小心碰到的话可能会被烫伤。

沸水

到了第二个阶段，水继续吸收热量，开始咕嘟咕嘟地冒泡，打开热水壶的盖子时，还会冒出“白气”——这时候，我们会说“水开始沸腾啦”或者“水烧开啦”。水从液体变成了气体，这个过程叫作蒸发；水蒸气遇冷液化后形成了小水滴，这就是我们看到的“白气”。在沸腾的这个阶段，水的温度是不变的，这个温度叫作水的沸点。

如果换个角度来理解的话，就是当水的温度低于沸点的时候，水是液态水，当水的温度达到沸点的时候，水就沸腾了，液态水开始蒸发，变成了水蒸气。

水的蒸发是需要吸收热量的，而水蒸气变成液体的时候会释放热量。

我们可以将水等液体想象成一个快递员。早上，他是一个普通的快递员，出门去收快递，收到了一堆“热量包裹”。收得足够多的时候（相当于到了沸点），他就变成了“热血沸腾”的快递员（相当于气态的液体）。最后，他把这些“热量包裹”交出去后，就又变回了普通的快递员。

## 制作冰箱的难题

冰箱之所以能制冷，不就是把冰箱里的“热量包裹”送到外面去吗？基于这个思路，可不可以做出冰箱呢？

要做到这一点，必须满足两个条件。

一个条件就是找到一种沸点在二三十摄氏度的物质，也就是说，这种物质能在二三十摄氏度的时候就蒸发，带走热量。

另一个条件就是，这种物质蒸发之后，需要找个地方把热量释放掉，然后变回液态物质，再回到冰箱里，这样才能源源不断地把热量带出去，冰箱才能够持续地制冷。

第一个条件比较好实现，但要实现第二个条件有些难。因为冰箱外面的温度肯定比里面更高，如果外面的温度比冰箱里还低的话，我们一般就不会用冰箱了。这种沸点只有二三十摄氏度的物质在更高的温度下是气体，不会自己变成液体。

那这个问题怎么解决呢？

## 气压与沸点的关系

让我们回到烧水这个话题。这次，有两个人在不同的地方烧水，一个是在北京烧水，另一个是在拉萨烧水。

烧开的水都是咕嘟咕嘟地冒泡，看起来差不多，但是一量温度就不一样了。同样是沸腾的水，北京的开水水温是 100 摄氏度，而在拉萨，开水的温度只有约 88 摄氏度。造成这个差别的原因就是两个地方的气压不同。

气压越高的地方，液体的沸点就越高，而像拉萨这样气压比较低的地方，水的沸点就会降低，所以在约 88 摄氏度的时候，水就烧开了，温度也就不再升高了。

知道了这一点，刚才那个看起来好像无解的问题，也就有了解决办法。我们可以将这里的水也看成快递员。在北京，水的沸点是 100 摄氏度，我们要给快递员 100 个“热量包裹”，他才会变成“热血沸腾”的快递员。如果气压升高，水的沸点就升高了。比如沸点升高到 120 摄氏度时，100 个“热量包裹”已经不管用了，得有 120 个才行。

但是，如果现在快递员只收到了 100 个“热量包裹”，只要我们给他施加压力，让他所在环境的气压升高，他就会乖乖地把“热量包裹”交出去，这样，水蒸气变回了水。

所以，我们可以改变气压，在需要吸收热量的时候减压，让液体更容易变成气体，从而吸收热量；反过来，当需要释放热量的时候，我们可以加压，让气体变成液体，从而释放出热量。这就是冰箱制冷的原理。人们根据这个原理还做出了空调。

## 空气压缩机和制冷剂

现在原理清楚了，还剩最后两个问题：一个是用什么东西加压，另一个就是哪种物质可以充当制冷剂，也就是快递员这个角色。

第一个问题很简单，冰箱中有一个空气压缩机，这个压缩机在搬运热量的过程中起到了重要的作用。压缩机的工作效率越高，冰箱的耗电量就越小，用我们平时的话说就是越节能。

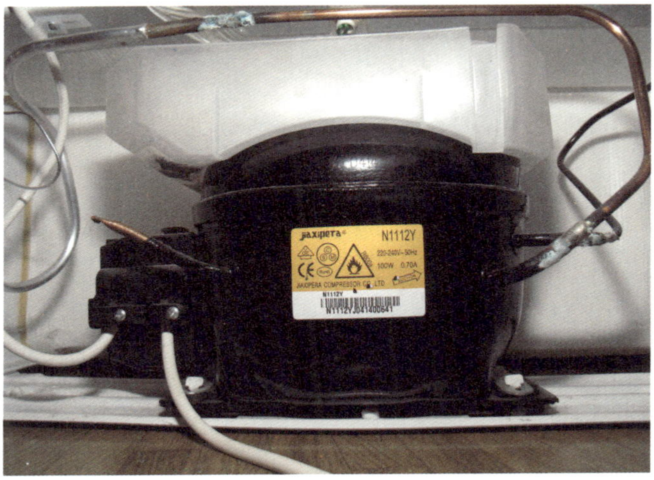

冰箱里的小型压缩机

而第二个问题其实也不复杂，但研究者需要不停地实验，因为充当制冷剂的物质需要精心挑选。在室温下，加一点压力，它就得变成液体，减一点压力，它就得变成气体。人们经过反复的尝试，选中了一种叫作氟利昂的物质。

这种制冷剂现在已经看不到了，因为在后来的长期使用和观察中，人们发现氟利昂会破坏大气层中的臭氧层，从而把氟利昂换成了其他不会影响臭氧层的物质。

## 冰箱除冰小窍门

家里的冰箱用的时间长了，很容易在内壁上结一层厚厚的冰。这层冰冻得特别结实，想要除掉它们，靠蛮力是不行的。

了解了冰箱的制冷原理后，你应该可以很容易地想到办法，就是把冰箱里的食物清空，然后切断电源，让压缩机不能工作，这样就没办法制冷了。同时，还可以请大人在冰箱的每一层都放上一盘开水，把冰箱门关好，大概半个小时，那些原本结结实实的冰块就很好清理了。

# 糖——我们需要吃糖吗

在我们的生活里，糖可以说是无处不在。除了你喜欢吃的棒棒糖、奶糖和棉花糖，蛋糕里面有糖，可乐里面有糖，糖醋排骨里也有糖。

糖吃起来是甜甜的味道，它背后的历史却是苦涩的。在制糖的方法没有出现之前，我们祖先的甜食，也就是他们能吃到的甜甜的东西，主要是水果和蜂蜜。

这两样东西在当时都是很珍贵的美食，尤其是蜂蜜，一般只有达官贵族才能吃到。所以，普通人要想吃糖，是一件很难的事情。后来人们找到了方法，在粮食或者甘蔗中提取出了糖，这才让大多数人都能吃到甜甜的东西。

根据相关的记载，在大概 3 000 年前，也就是中国古代的西周时期，人们就会制糖了。不过那时候的原材料都是粮食，当时的粮食本来就不够多，要是再挪出一部分来制糖，就更不够吃了。所以这种方法通常只在亚洲东部的地区得到应用，没有传播出去。

蔗糖颗粒

真正传播到全世界的制糖方法，最早出现在 1 600 多年前的印度，那时候的印度正处于笈多王朝时期。人们从甘蔗里面提取出了糖，所以这种糖叫蔗糖。

## 蔗糖的生产

这种制作蔗糖的方法，在 7 世纪的时候，由阿拉伯人传入了欧洲部分地区，并向更远的地方扩散开来。制糖的方法找到了，吃糖的人也逐渐多了起来，那接下来从哪儿找那么多的原材料来满足人们的需求呢？说到这里，不得不提到一段特别重要的历史时期。

16 世纪，无数黑人奴隶从非洲被卖到南美洲。他们像货物一样被装在船上，经过几个月的颠簸到达南美洲，途中差不多有一半人因为疾病或者营养不良而死在海上。当时，许多黑人奴隶被卖到南美洲后，主要从事农业劳动，例如在甘蔗种植园里种甘蔗，然后对甘蔗进行初步加工。

这些黑人到了美洲的甘蔗种植园，会按照工作强度进行分工。比如，有人砍伐林木，收割甘蔗，这是最需要力气的工作，一般都由年轻力壮的男人来做；给甘蔗打包和运输甘蔗等工作不需要那么大的力气，一般是由力气相对没那么大的中老年人和少年来做的；而一些身体残疾、体弱多病的人，可能会做一些像碾碎甘蔗、煮甘蔗和过滤甘蔗汁这样的工

一幅19世纪的画作描绘了甘蔗种植园的场景。图中有正在辛勤劳作的黑奴和运输甘蔗的船只

作。还有一些洗衣服、打扫卫生之类的活儿，都是由没法儿参加蔗糖生产劳动的老人和孩子来做的。

当时的黑人奴隶在异国他乡周而复始地重复着这样的工作，他们除了劳动，还是劳动。在之后的上百年里，每年都有很多黑人奴隶被卖到美洲，越来越多的美洲森林变成了甘蔗种植园。

## 蔗糖备受贵族喜爱

大片大片的甘蔗种植园产出了许多糖，当时的人是怎么吃这些糖的呢？当时，欧洲各国的皇室都离不开糖：喝茶的时候要加点糖，喝咖啡的时候就更不用说了，他们甚至喝药的时候都得加糖。

例如，法国国王路易十四就嗜糖成瘾。先不说别的，你去看看他中年以后的画像，就会发现，画像里的路易十四是不露牙齿的。

这是因为他吃糖吃得太多，在 40 岁的时候满口牙就都掉光了。除了吃糖，当时的欧洲皇室贵族还把糖做成装饰品，不过他们做的可不是糖人这样的小东西，他们会把糖雕刻成松树的样子，在圣诞节的时候摆出来。用糖做成的圣诞树在灯光下应该很漂亮，就是太浪费了。

后来，在法国大革命的影响下，许多黑人开始觉醒，他们不再甘心做奴隶，砸烂了种植园，要求做一个与白人平等的人。后

路易十四的画像

来，在不断的斗争中，奴隶贸易在 19 世纪初被一些国家禁止了。大批黑人获得了自由之后，选择离开种植园。

但是糖的生产不能中断，这时候就有一批来自印度、中国的劳工，通过契约劳动的形式，也就是先签合同再干活的形式，填补了劳动力缺口。

看到这里，你可能也察觉到了：先是非洲人，后来是亚洲人，他们因为要生产蔗糖被送到了美洲。这样一来，当地的人口组成就逐渐发生了变化。

1687年，英国大使罗杰·帕尔默在宴会中使用的糖雕塑

## 吃糖过多有害健康

不管是生活在原始森林里的时候，还是到后来制糖工业发展成熟的时候，人类的生活一直都离不开糖。吃糖会让大脑释放出某种信号，这种信号让我们感觉愉快。值得一提的是，我们的祖先在残酷的条件下生存的时候，甜的食物基本上就等于可以提供能量的食物。

也就是说，人类吃糖，在最开始的时候是为了生存下去，可是今天很多健康问题却都是由吃糖导致的——不是糖发生了变化，而是我们吃得太多了。

你知道自己一年大概吃掉多少糖吗？400 年前，在英国，平均来看，一个人一年要吃掉约 1.8 千克糖，这个量大概就相当于三四包现在超市里卖的普通包装的白砂糖；到了 40 多年前，也就是 1980 年前后，中国人每人每年要吃掉约 4 千克糖；今天，全球每人每年要吃掉约 20 千克糖！

吃太多的糖会对健康造成影响，不吃又不行，到底吃多少糖才合适呢？要讨论吃多少糖，就要先了解一个概念：游离糖。蛋糕、饮料、巧克力里面的果葡糖浆、麦芽糖和蔗糖等，还有鲜榨果汁里的糖，都属于游离糖。

游离糖最好少吃，长期多吃不但容易发胖，还容易引起糖尿病。关于到底吃多少比较合适，世界卫生组织有一个建议：游离糖摄入量应该低于摄入总能量的 10%，进一步降到 5% 以下或者每天大约 25 克会有更多益处。一罐 500 毫升的可乐中的游离糖大概是 53 克，按每天摄入的游离糖不超过 25 克这个标准，每天喝一罐可乐就严重超标了。所以，我们太容易摄入过多的游离糖了。

# 可口可乐——风靡世界的秘密

今天我们一提起可乐，就会想到可口可乐和百事可乐。可乐是在全世界范围内都很受欢迎的饮料。可乐的含糖量非常高，长期喝的话，会导致我们摄入过量的糖。但是，在天气炎热的时候，一杯可乐确实很难让人拒绝，尤其是冰过的可乐，喝一口神清气爽，太解渴了。

## 早期可乐的成分

可乐里面除了糖，还有什么成分呢？如果你注意过可口可乐的配料表，回答这个问题就不难。不过你大概想象不到，在最早的可乐里面，主要成分有三样，其中至少两样在现在的可乐里都没有了。它们分别是葡萄酒、可乐果提取液和可卡因——没错，就是毒品可卡因，它曾经是可乐中必不可少的一种成分。为什么饮料里要放毒品呢？可乐的发明故事，就得从这个问题开始讲起。

约翰·彭伯顿，可口可乐的发明者

现在很受欢迎的可乐是可口可乐，是一个叫约翰·彭伯顿的美国人发明的。彭伯顿有很多身份，他是植物学家、化学家、药剂师，此外，他还是一名参加过南北战争的退伍老兵。像可卡因这样的毒品有一定的止疼作用，在南北战争时期，它们并不像今天这样受到严格的管制，很多士兵在作战时受伤，受不了手术的疼痛，就必须用这些毒品来止疼，时间一长，就上瘾了。

老兵们退伍之后，毒瘾还在，发作起来非常难受，于是彭伯顿就利用自己的专业知识，用葡萄酒、可乐果提取液、可卡因和糖浆，配制出了自己的第一款可乐，名字叫“彭伯顿的法国可乐提神酒”。

在那个年代，美国有很多类似的饮料，尽管彭伯顿做得非常专业，但是他的这款可乐卖得一点都不好。更倒霉的是，没过多久，彭伯顿所在的地区开始禁酒，按照相关的规定，他不得不把他的饮料中的葡萄酒去掉，这样一来，原本味道丰富的酒精饮料变成了甜腻腻的糖浆水，味道大不如前。

怎么办呢？看来还得再加点别的东西才行。后来，彭伯顿选择了苏打水。苏打水中含有二氧化碳，喝起来味道没什么特别，但是口感清爽。彭伯顿把苏打水加了进来，饮料的口感一下子就改善了。

这时候再叫它“彭伯顿的法国可乐提神酒”就不太合适了，彭伯顿和助手想到，能提取出可卡因的古柯叶叫“coca”，可乐果可以用“cola”来表示，把这两个单词合在一起就是“Coca-Cola”，这也就是我们今天熟知的名字——可口可乐。

## 出现在药店的可乐果

说完可卡因，我们再来说另一种成分——可乐果。

其实在彭伯顿发明可口可乐之前，在欧洲和美国，可乐算是一种散装饮料：既没有正规的包装，也没有大规模的工业生产，基本都是药店或者酒吧之类的地方自行调配的饮料，什么样的都有。

听到这里，你可能会觉得有点奇怪：这样的饮料出现在酒吧里还说得过去，为什么还会出现在药店里呢？这就和可乐果有关系了。

19 世纪中期，可乐果在药剂师中间很受欢迎。因为他们意识到，吃了可乐果神清气爽，而且喝可乐果的提取液甚至还能缓解头疼脑热的症状。这是因为可乐果含有像咖啡因、可可碱这

可乐果

阿萨·坎德勒

样能够让人兴奋的物质，只不过当时的人们还不知道。

按照当时的医学水平，人们能够找到一些问题的病因，但是找不到有效的治疗方法，所以药店的药剂师常常会自己配一些奇奇怪怪的药水。可乐果的提取液有这样的效果，自然受到了欢迎。

有了可乐果、可卡因，加上糖浆和苏打水，彭伯顿的可口可乐味道和口感都很好，但是销量一般。他很失望，把可口可乐的配方卖给了一个叫阿萨·坎德勒的年轻人。坎德勒是彭伯顿的老顾客了，他经常犯头疼，头疼的时候只要一喝彭伯顿的可口可乐就不疼了——这是里面的可卡因起了作用。

所以，对于彭伯顿来说，这个配方是不太值钱的饮料配方，而对坎德勒来说，这就是治疗头疼的特效饮料。于是，当彭伯顿决定卖掉配方的时候，坎德勒毫不犹豫地买了下来。

## 可口可乐公司成立

可口可乐的配方到了坎德勒手上之后，情况发生了翻天覆地的变化。1892 年，坎德勒成立了可口可乐公司，这是后来可口可乐获得巨大成功的开始。后来，人们逐渐认识到可卡因的危害，可口可乐的配方也被调整过，不再含有可卡因。

可口可乐公司在营销上也做得很好。用坎德勒自己的话就是，如果给他 25 000 美元来经营可口可乐公司的话，他会把 24 000 美元花在广告上，只留 1 000 美元用来生产可口可乐。

那时候，可口可乐的广告铺天盖地，墙上、汽车上以及在别人想不到的许多地方，都贴着可口可乐的广告。就连像笔记本、日历、扇子这样的小东西上也有可口可乐的标志。在这些东西上印广告的做法现在很常见，但在那个年代可是非常有创意的。

# 圣诞老人与可口可乐

可口可乐公司确实是在广告营销上花了很多心思的，甚至有人说圣诞老人的形象也是可口可乐公司发明的——这个说法就有点夸张了，因为圣诞老人在 1906 年的时候，就已经是白胡子、红棉袄的形象了，而可口可乐公司将圣诞老人放在自家广告上已经是 1930 年以后的事情了。

1930 年，可口可乐公司在推广产品的时候，想找一个圣诞老人的形象做广告，结果发现圣诞老人的配色和可口可乐的包装颜色很接近，简直就像是专门设计的一样，所以，后来就出现了很多用圣诞老人作为主角的可口可乐广告。时间久了，有些人就误以为是可口可乐公司创造了圣诞老人。

可口可乐公司的广告

# 巧克力——最初是一款饮料吗

1705 年，罗马教皇派传教士给中国的康熙皇帝送来了可可粉。康熙皇帝对西方文化很感兴趣，决定尝尝看。用可可粉冲的饮料端过来的时候，散发出一阵香气，但是这饮料看起来就像浓浓的黑汤，和中药差不多。

康熙皇帝抿了一口，感觉很苦，皱了皱眉。满朝的大臣看着康熙一会儿皱眉，一会儿咧嘴。一杯喝下去之后，康熙皇帝才舒展了眉毛。之后，康熙皇帝再也不喝这种饮料了。

这种可可饮料又黑又苦，那时候的西方人为什么会喝呢？这种饮料和巧克力又有什么关系呢？其实，我们常见的巧克力通常含有可可粉，尤其是黑巧克力，其重要成分之一就是可可粉。

所以，可可粉可以说是巧克力的重要原料，那么人们是怎么发现可可粉的呢？可可饮料为什么让西方人那么着迷呢？下面就从头说起。

## 可可粉的来历

在美洲的密林里，有一种可可树。最早的时候，人们只吃可可树上的果实，而不吃果实里面的种子。可可树的种子里面含有一种物质，叫作可可碱，它对于大部分哺乳动物来说都是致命的毒药。

所以，我们现在经常可以看到一些小贴士，告诉我们千万不要给家里的小猫小狗喂巧克力，因为巧克力里面的可可碱会让它们中毒。不过幸运的是，我们人类不怕可可碱，最开始美洲的原住民不吃可可树的种子，只是因为它实在是太苦了。

其实，可可树的种子里有很多油脂，算是比较有营养的一种食物。所以，在食物短缺的饥荒年代，人们会忍着那股苦涩的味道，把可可树的果实和种子一起吃下去。后来人们发现，把种子包在树叶里，放一段时间之后，种子会变成黑褐色，这时候的种子就不那么苦了。然后，他们把这些黑褐色的种子放在太阳下暴晒，晒干之后，再磨成粉，就做成了可可粉。

这幅绘于1894年的画详细描绘了可可树的叶子、果实和种子

## 可可粉传入欧洲

1519年，一支西班牙舰队来到美洲寻找黄金。当地人用可可粉冲了饮料招待他们。这种可可饮料就可以看作巧克力的前身。不过，这种可可饮料里还添加了玉米粉和辣椒面。想象一下，我们把一块黑巧克力放在用玉米粉做成的面条里，再撒上辣椒面，拌着吃，味道肯定很奇怪，估计没什么人喜欢。

不久，这支西班牙舰队就和当地人起了冲突。双方打得很激烈，西班牙人在打仗的过程中发现，对方在上战场之前都会喝一种饮料，然后在战场上表现得精力旺盛、勇敢无畏。

这种饮料就是之前招待他们的那种可可饮料。后来，这些西班牙人搞清楚了怎么制作可可粉。他们带回去一些可可粉和种子给西班牙国王，并在信里面说明了饮用的方法。

发现美洲后，可可饮料很快成为欧洲贵族青睐的饮品，图为18世纪意大利画家彼得罗·隆吉的作品《早晨的巧克力》

西班牙国王让仆人冲了一杯可可

饮料，一尝，太苦了，根本喝不惯。其他皇室成员也尝了尝，确实很苦，于是他们试着往里面加了一些糖和蜂蜜，可可的苦味没那么突出了，喝起来竟然还有一股浓浓的香气。

就这样，经过改良之后，带着浓郁香气的可可饮料在西班牙的皇室贵族之间流行起来，后来又流传到了民间，喝可可饮料的人越来越多了。

看到这里，“西方人为什么天天喝可可饮料呢”这个问题就有了答案。原因就是，可可饮料经过改良之后，味道变好了，还有浓郁的香气。西方人喝可可饮料的原因，其实和东方人喝茶的原因类似。

## 巧克力的出现

到这里，讲的还都是可可饮料，而不是巧克力。巧克力是在可可饮料受欢迎的基础上出现的。1820 年之后，美国兴起了一阵宗教复兴运动，提倡清教徒式的生活，通俗地说，就是掀起了反对奴隶制、反对吸烟、反对喝酒的浪潮。

当时，很多小酒馆都不能卖酒了。那些酒馆的老板为了维持生计，不得不找一些其他饮料来卖，这时候，他们想到了可可饮料。和酒精饮料相比，可可饮料更健康，而且喝完之后，人们感到很有精神。慢慢地，可可饮料越来越受欢迎，越来越多的商人和厂家开始在可可粉上面投入金钱和心思。

到了 1847 年，一个叫约瑟夫·弗莱的人将可可粉、糖和可可脂混合在一起，做成了和现在差不多的固体巧克力，也是从那时开始，人们不再“喝巧克力”，而是“吃巧克力”了。再后来，人们又在巧克力中加入糖、牛奶、杏仁、花生、核桃等，工艺越来越多，口味也越来越多。

各种形状的固体巧克力

# 酒——关于酒的趣事

酒的种类有很多，常见的有啤酒、白酒、米酒等，还有做饭用的料酒。各种酒的价格有高有低，便宜的几块钱一瓶，贵一些的，几千甚至几万块钱一瓶。

世界各地有这么多种酒，它们的原料也不尽相同。在地中海沿岸，像葡萄、柠檬这样的水果产量很高，吃都吃不完，多余的水果就可以用来酿酒。在粮食作物比较充足的地方，就可以用粮食酿酒，比如在中国，我们的祖先在 7 000 多年前就开始用粮食酿酒了，黄酒、米酒都是用粮食酿造的。

## 黑猩猩也喜欢喝酒

酒最早是什么时候被发明出来的，已经无从考证了，不过可以确定的是，不仅人类对酒感兴趣，有些动物也喜欢酒，比如黑猩猩。

在非洲西部的几内亚有一个保护区，当地的村民会把塑料桶、罐子之类的容器挂在棕榈树上。干什么呢？他们把棕榈树的树皮割开，树干里就会流出汁水，挂容器就是用来收集这些汁水的。棕榈树流出来的汁水含有糖分，喝起来甜甜的。但是村民们不是直接喝，而是要等上四五天。在这段时间里，这些含有糖分的汁水就会在微生物的作用下发酵，几天后，它的酒精度就和啤酒差不多了。当地人把这种饮料叫棕榈酒。

在这个地区，村民和野生动物是生活在一起的。有科学家去这个地区考察的时候，惊奇地发现常有黑猩猩把树叶卷成酒杯的形状，在塑料桶或罐子里面舀酒喝。他们前前后后一共记录了 50 多次黑猩猩偷酒喝的现象。有一次，有一只黑猩猩一杯接一杯地喝，喝了半个多小时，按照酒精含量计算的话，相当于它喝了 8 罐啤酒，这可以算是酗酒了。这些喝了酒的黑猩猩，有的倒头就睡，有的也会撒酒疯，表现得和人类差不多。

## 为什么喝酒会“断片”

为什么喝完酒之后，人会有这样那样的反应呢？要说清楚这个问题，我们得先了解一下脑的结构。我们的脑由不同的结构组成，每个结构都有自己的分工。

脑主要由大脑、小脑、脑干组成。在大脑中，大脑半球的表层叫大脑皮层，负责进行数学推理、逻辑思考；大脑中间有一块区域叫边缘系统，负责调节情绪和保存记忆。小脑位于大脑的后下方，维持动作的协调和身体平衡。脑干负责控制心跳、血压、呼吸、体温等，这些都是和生存息息相关的功能。

人在喝酒的时候，酒精最先影响大脑皮层。所以，人们在刚开始喝酒的时候，控制理性思考的部分就会被抑制，这样一来，判断力和逻辑思考能力都会下降，所以喝完酒之后是绝对不能开车的，这时人的反应速度下降，很容易发生危险。

如果继续喝酒的话，酒精就会接着影响边缘系统和小脑等结构。边缘系统被抑制之后，整个人的情绪就开始变得麻木，更有意思的是，边缘系统还负责保存记忆，被抑制了的话，之后发生的事情人就记不住了，这就是人们常说的“喝断片”了。小脑是负责维持动作的协调和身体平衡的，一旦小脑被影响，走路时就会跌跌撞撞，需要人扶着才能走。如果喝到这种状态的话，就不能再喝了。再喝的话，脑干就有危险了，如果脑干的功能被抑制，心跳、血压、呼吸和体温就不受控了，情况严重的话会危及生命。

## 酒的制作

酒是怎么做出来的呢？

前面提到酿酒的原料一般是吃不完的水果或者粮食，那么水果、粮食是怎么变成酒的呢？这种转变和一种小东西——微生物息息相关。简单来说，微生物将水果里面的糖、粮食里的淀粉转化为酒精。所以，酒精其实是被微生物加工出来的，这个加工的过程叫作发酵。

在发酵的过程中，糖或者淀粉会被不同的微生物加工成不同的物质。除了酒精，有些微生物还会加工出别的物质，这些物质就会让酒尝起来是酸的、苦的或是辣的。为了去除这些物质，人们就需要找到一种方法，把酒精和这些物质分开。这是个不容易解决的问题。

如果一个盘子里装着红豆和绿豆，要把它们分开很容易，按照颜色把豆子挑出来就可以了。但是如果在一个杯子里，酒精和水混在一起，要把它们分开就没那么容易了。

此前我们提过一个概念——沸点。不同的物质沸点有高有低，所以在同一个温度下，有的物质是液体，有的物质通过沸腾、蒸发变成了气体。例如，如果我们找到一个合适的温度，能让沸点比较低的酒精快速蒸发，而沸点比较高的水慢点蒸发的话，就可以把它们分开了（不过，我们得到的酒精的纯度并不是 100%）。这种分离液体的方法叫作蒸馏法，用这种方法做出来的酒，就叫作蒸馏酒。世界上很多种高度酒都属于蒸馏酒，像伏特加、白兰地、朗姆酒和龙舌兰，等等。

啤酒厂的发酵酒窖

苏格兰威士忌酿酒厂的天鹅颈铜壶蒸馏器

## 创意延展

### 最好别喝酒

酒，有的人爱喝，有的人不爱喝，比如李白就很喜欢喝酒。但是我们现在也清楚地知道，酗酒是有很多坏处的。那么，喝多少酒算是过量呢？

根据《中国居民膳食指南》的建议，一个成年人每天摄入的酒精量不要超过15克。这大致相当于一瓶450毫升的啤酒所含的酒精量。当然，最好还是不要喝酒。此外，未成年人是不能饮酒的。

# 咖啡——咖啡的历史

有些人喜欢到咖啡馆谈事情或者工作。咖啡能够提神醒脑，对许多现代人来说的确是个好东西。

不过，咖啡虽然常见，但你可能并不知道它背后的精彩故事。现在，让我们来看一看吧。

## 神奇的果实

关于咖啡的起源，有一个故事。六七百年前，非洲一个牧羊人最先发现了咖啡果。这个牧羊人有一天发现他的山羊“发疯”了，蹦蹦跳跳的。他注意到这只羊好像是吃了某种果实，于是他也跑去尝了尝。吃了这种果实后，牧羊人也忍不住唱起歌跳起舞来了。

这时候，一个阿拉伯人经过，看到这个情景，就问牧羊人：“你和你的羊为什么都在跳舞？”牧羊人就说：“你看，我们吃了这种小果实，现在觉得自己神清气爽，从来都没有这么精神过。”

有这么神奇吗？阿拉伯人半信半疑，他也摘了一些果实回去，打算自己试试看。结果吃完之后，他当天夜里就没睡着觉。阿拉伯人想，之前他带着徒弟通宵做礼拜的时候，他的几个徒弟总是昏昏欲睡，现在好了，有了这种能让人清醒的神奇果实，通宵做礼拜也能不犯困了。

咖啡果

烘焙后的咖啡豆

于是，阿拉伯人要求他的几个徒弟以后做礼拜前必须嚼几颗这种果实，而徒弟吃过果实以后确实不再犯困了。后来，这种神奇的果实跟随阿拉伯人传到了其他地区。这种果实就是咖啡果，将里面的种子加工后磨成的粉，就是我们今天看到的咖啡粉。

牧羊人发现咖啡果的故事只是传说。其实，在更早之前，非洲人就已经开始食用咖啡果了。3 000 年前，非洲人把咖啡果视为神奇的果实，他们认为，祭司如果把它整颗嚼碎吞下，就能够增加力量。祭司就是主持宗教祭祀活动的神职人员。在祭祀的时候，比如祭奠亡灵的时候，祭司吃下咖啡果后，他念的祈祷文才会灵验。

后来，有人用咖啡果做成饮料。不过，这种饮料跟今天的咖啡可不一样。现代人使用的咖啡豆是烘烤过的，而古代人是用新鲜的咖啡果做饮料的。咖啡果的果肉很薄，生吃种子有点苦、有点臭，所以，古代人喝的咖啡饮料虽然提神效果不错，但估计不怎么好喝。

## 咖啡与科学家的故事

被阿拉伯人带出非洲之后，咖啡走入了更多人的视野。大概 400 年前，咖啡进入英国，成了当时的新鲜事物。后来，定期到咖啡馆聚会，成了英国年轻人尤其是大学生追求的时尚。17 世纪 50 年代，有一个 12 人小组每周都会到咖啡馆聚会，讨论上一周大家的学业或感悟。慢慢地，加入他们聚会的人越来越多，规模扩大到了 41 人。

这些人可不简单，里面有发现弹簧弹性定律的胡克，还有主导设计格林威治天文台的雷恩，以及“近代化学之父”波义耳，等等。这个组织的目标也越来越明确，就是要促进科学的进步。这个在咖啡馆里成立的小组织，后来得到了国王的认可，他们成立了鼎鼎大名的英国皇家学会。

就算后来英国皇家学会有了自己的总部，科学家们依然习惯到咖啡馆讨论问题。据说，雷恩和胡克就曾经在咖啡馆里和天文学家哈雷打过赌。哈雷也是个大科学家，他最著名的成就是预测了哈雷彗星的回归时间，所以，后人用他的名字来命名哈雷彗星。

雷恩、胡克和哈雷打的赌是什么呢？是当时还没有解决的科学问题：行星轨道的形状。

后来，哈雷去找牛顿商量这个问题，还促使牛顿写出了他最重要的著作《自然哲学的数学原理》。这本书是科学史上最重要的作品之一。

可以说，在一定程度上，咖啡馆促进了现代科学的发展。但是，曾经有一位国王非常讨厌咖啡馆，这是怎么一回事呢？

17世纪的伦敦咖啡馆

## 讨厌咖啡馆的国王

讨厌咖啡馆的国王，就是许可英国皇家学会活动的那位英国国王——查理二世。

在查理二世担任国王的时候，他听说大街小巷流传了很多不利于他的言论，什么纵情享乐、没有当国王的样子之类的，而这些言论又是从咖啡馆里传出去的。得知这个消息，担心王位不稳固的查理二世觉得咖啡馆里说不定聚集着一些打算谋反的家伙。所以，查理二世就颁布了禁令，大家都不许去咖啡馆喝咖啡了，要求伦敦的咖啡馆全都关门。当时伦敦已经有近百家咖啡馆，这些咖啡馆老板看到禁令当然不乐意了。

咖啡馆老板强烈反对，提出了抗议。同时，国王的大臣提醒国王开设咖啡馆可以给政府带来不少税收。国王的顾问也对这一禁令的合法性提出了疑问。

那么讨厌咖啡馆的查理二世下达的禁令最终实施了吗？没有。但是，直接撤销禁令的话，国王也太没面子了，于是他找了个台阶下，退了一步说：“今后哪家咖啡馆如果打算继续营业，就得先交500英镑，买到国王授予的特许经营权。”不过这项规定很快也被撤销了。

于是咖啡馆这种新事物，在国王讨厌它的情况下，竟然顺利发展了起来。而且，咖啡确实有效果，能让人精神振奋，也难怪英国皇家学会的科学家会喜欢去咖啡馆了。

讨厌咖啡馆的查理二世

## 咖啡能提神的原因

为什么咖啡能提神呢？这跟大脑里的一种信号物质有关。这种物质可以和大脑中的一种受体结合，告诉大脑现在需要休息了。你可以把这种物质想象成一面红旗，把受体想象成插红旗的位置。在人体长期工作之后，很多面红旗都已经插上去了。

这时候大脑就会开始放松，不再活跃，我们会感觉好困，不想动了，想睡觉了。如果有什么东西能取代红旗，提前把插旗杆的位置占上，那么红旗插不上去，我们的大脑就不会放松，就能够继续工作了。

咖啡就是用来取代红旗的。一颗咖啡豆包含了大约 2% 的咖啡因，咖啡因的结构跟我们大脑释放的那种物质有点像，你可以把它想象成棕色旗，咖啡因占据了原本应该插红旗的位置，那么，长期工作之后，红旗没地方插，大脑的活跃状态就能继续维持一段时间。所以，人喝了咖啡就暂时感觉不到累了。

不过，咖啡提神的效果是暂时的，因为人体总是在新陈代谢，几个小时之后，大部分咖啡因就被清除了，这时候，之前没有位置插、积累了好多的红旗找到了插旗子的位置，疲劳的感觉自然也就回来了。所以，喝咖啡其实只是把疲劳感推后了一段时间而已，想要消除疲劳，还得靠足够的休息才行。

根据相关研究，一个健康成年人每天摄入的咖啡因不要超过 400 毫克，单次摄入的咖啡因不要超过 200 毫克。对于健康的未成年人来说，摄入咖啡因的量应该减半。咖啡因能给身体带来不少益处，但也能带来不良反应，因此，应该根据个体情况进行具体分析。

# 交通运输篇

## 创新是一场奔腾不息的接力赛

# 轮子——神奇的圆形结构

说到轮子，你首先想到的是不是汽车或者自行车的轮胎？其实这些交通工具的轮胎只是轮子的一种。

轮子的种类有很多，几乎所有机械装置中都有轮子，有的是齿轮，有的是转盘，有的是滑轮。今天人们使用的轮子，基本上都跟乌鲁克人的发明有关。

## 轮子起源于陶艺制作

乌鲁克人生活在约 5 500 年前的美索不达米亚，也就是今天的伊拉克、叙利亚等一带。乌鲁克人发明轮子，还是从陶器的制作上受到的启发。陶器是一个比轮子更久远的发明。大约在 1 万年前，人们为了存放多余的粮食，把泥巴捏成瓶瓶罐罐的形状，然后用火烤，烤干了陶器就定形了。和现在的很多陶制品一样，这些瓶瓶罐罐大多数是圆柱或者圆锥形的。

在陶轮上制作陶器

乌鲁克人是怎么把泥巴捏得这么圆的呢？这个方法也很简单，如今我们在陶艺兴趣班上还能看到：把泥巴放在一个圆圆的托盘上面，然后转动托盘，泥巴就会跟着转起来，这时候就可以利用泥巴的可塑性捏出圆圆的形状。

这个托盘不仅是陶艺制作方面的一个重大突破，而且还启发了乌鲁克人，让他们发明出了轮子。最早的轮子和制作陶器的托盘一样，是实心的。当时的轮子都是用树干做的，把一棵大树拦腰砍断，有着年轮的截面差不多就是一个轮子的形状。

要用一截树干当车轮，还需要把它修整成合适的形状，这就需要确定一个圆心，然后把树干修整成标准一点的圆形。要是车轮不够圆，坐在车上的人可就倒霉了，不管多平坦的路，他都会被颠得够呛。

美索不达米亚的乌鲁克人能解决这个问题吗？据说，他们在四五千年之前就知道，圆的周长和圆的直径长度之间有一个固定的比值，这个比值我们今天都知道，就是圆周率。乌鲁克人计算出圆周率大约等于 3.15，足以用来确定圆心。定好了圆心，再把边缘修整一下，车轮就做好了，装上轮轴，就可以让车轮跑起来了。

又过了 1 000 多年，车轮从实心的木头，变成了由轮毂、辐条和轮缘组成的“空心”的样子，已经和现在的车轮非常像了。

用实木制成的轮子

在伊朗国家博物馆展出的带辐条的轮子

## 轮子的运用

轮子最早是用在运输工具上的，而且很有可能一开始是用在驴或马拉的货车上的。那时候人类才刚刚驯化驴和马，这两种动物虽然力气很大，能驮很重的货物，但如果直接把重物放在它们的背上，恐怕压力太大了，例如，一头驴驮 4 袋大米就很吃力了。

苏美尔人的浮雕

但是有了车轮，情况就不一样了，利用驴车或者马车，把要拉的重物放在车上，驴或者马能拉的货物就能多很多。力气大一点的马，拉 10 袋大米都没问题。

## 南美洲没有实用的车轮

关于轮子的用途，科学家注意到，很多古代文明发达的地区都有轮子作为交通工具的痕迹，一些考古发现也从侧面证明了轮子最开始就是用在由牲畜拉动的运输工具上的。不过有一些例外，比如南美洲，在这里，古代文明发达的地区并没有实用的车轮。

这是怎么回事呢？是那里的文明程度不够高吗？恐怕不是，因为玛雅人在很早的时候就在南美洲建造出了金字塔，其复杂程度可比车轮高多了。那会不会是南美洲在古代的时候有车轮，只不过我们还没挖出来？也不太可能，因为如果有车轮，就很可能是被广泛应用的，作为一般的陪葬品，在墓穴里应该能很轻易地就被发现，不会一点痕迹都没有。难道是因为那些人对数学不太在行，不会算圆周率？应该也不是，考古证据表明，玛雅人也会用托盘来制作陶器，不太可能做不出圆形的轮子。

那么，这个问题就只有一个解释了，这也是现在大多数人比较认同的一种解释：南美洲之所以没有车轮，是因为他们没有大型的牲畜帮助人类拉车。

听到这里，你可能会有个小疑问：南美洲以前不是有很多“牛仔”吗？那些“牛仔”

骑着马、套着牛，那里怎么会没有大型牲畜呢？其实，跟“牛仔”有关的生活方式是在西班牙人发现了美洲之后才出现的，而西班牙人发现美洲已经是 15 世纪的事了。

羊驼

在这之前的几万年时间里，人口数量增长飞快，全球各地的大型动物都在迅速灭绝，加上南美洲本就缺少可以驯化的大型动物，以至于当人类进入农业社会的时候，南美洲没有可以帮助人类干农活的大型牲畜。当时那里体形最大的驯化动物可能是羊驼，它们力气不大，脾气不小，根本干不了重活。

## 无处不在的轮子

从农业社会开始，轮子被应用在人们的生活里。今天，我们的机械装置、动力传送系统都离不开各式各样的齿轮、滑轮和车轮。不停转动的轮子，带动着人类文明不断发展，我们有了战车、蒸汽机、内燃机、电动机。

# 自行车——大众智慧的结晶

你会骑自行车吗？我国的交通法规规定，在道路上驾驶自行车，必须年满 12 周岁。所以，如果你已经会骑自行车了，就要注意在 12 周岁之前只能在小区里骑着玩，是不能骑到马路上去的。

## 自行车的诞生和火山爆发有关

说到自行车的发明，有一个冷知识，你看了一定会大吃一惊。那就是，自行车的发明跟火山爆发有关。这就奇怪了，这两件看起来毫不相关的事情，怎么会有关联呢？

1815 年 4 月，印度尼西亚的坦博拉火山大爆发。那是人类有文字记录以来规模最大的一次火山爆发，火山口喷出冲天的熔岩，发出巨大的声响，在 1 000 千米以外都可以听到。

这次火山喷发持续到了 7 月，几乎杀死了方圆 50 千米内所有的生物。大约有 12 万人死于这次火山爆发。这次火山爆发不只影响了这 12 万人，实际上，整个世界都受到了巨大的影响。随后的 1816 年，在法国被称为“没有夏天的一年”，在英国则叫“冻死人的年份”。中国同样受到了影响，1816 年，云南地区异常寒冷。

这些情况的罪魁祸首，就是坦博拉火山喷发出的火山灰。这些火山灰飘荡在大气层里，挡住了阳光。阳光不足，地里就长不出足够的粮食，世界各地都出现了大饥荒。最早的自行车就是在这个背景下被发明出来的。

你可能会觉得奇怪，自行车又不能解决火山喷发之后的粮食危机，它怎么会在这个背景下诞生呢？其实原因很简单，农作物歉收，大饥荒中粮食也吃没了，就没有足够的饲料来养马了，而且还有些人要杀马吃肉。所以，在 19 世纪非常重要的交通工具——马的数量也减少了。

发明家们于是开始动心思，希望能设计出一种不用马的车。最早的自行车就在德国贵族发明家卡尔·冯德莱斯的手中诞生了。这辆自行车的结构其实很简单，因为它没有链条和脚蹬，只有两个可以滚动的木轮子和一个掌控方向的车把，和现在幼儿园小朋友们最爱玩的滑行车差不多。人坐在车座上，全靠双脚在地上蹬，自行车才能行驶，但是它的速度还挺快的。

发明完成之后，冯德莱斯就在两个车站之间滑行，展示这辆车的实际性能，在两个车站间一来一回的路程约为 15 千米，他只用了不到一小时就完成了这趟旅行。这比步行的速度快很多，按说自行车应该广受欢迎，但实际情况却不是这样，他的第一版自行车只有一些年轻的富人购买，可能总共只卖出了几百辆。大多数人觉得，这车就两个轮子，不稳妥，肯定会经常摔跤。

确实，要完全靠两个轮子滑行，不专门练练肯定是不行的。而且，随着时间的推移，火山爆发的影响也一点点消退了，粮食产量逐渐恢复，马匹的数量也恢复了，自行车这项发明好像被人遗忘了。毕竟，大家重新拥有了马车，谁还想骑那么不稳妥的自行车呢。

坦博拉火山大爆发让1816年欧洲的夏天笼罩在火山灰的阴霾下，这对当时的绘画产生了深远的影响。图为英国画家威廉·透纳的作品《渡溪》，画中的天空呈现出当时常见的黄色

1819年，卡尔·冯德莱斯骑着他发明的自行车

# 自行车的一步步改进

不过，事情并没有就此结束。后来，法国铁匠皮埃尔·米肖从旧货市场买到一辆当年的初代自行车。然后，他改进了最初的发明，制造出了新一版自行车，骑这种车时，脚就不用蹬地了，只要蹬脚蹬，车就可以往前走。

这次的改进引起了更多发明家的关注，米肖专门成立了自行车公司。之后自行车的改进速度就快多了。1869 年，有发明家在车轮上套了橡胶圈，这样骑起来就不会那么颠簸了。第二年，英国发明家詹姆斯·斯塔利做了轻量化的改进，自行车不再是木头的，而是由一组钢管和钢丝组成，强度更高，重量却大大减轻了。

滑稽的高轮自行车

此外，自行车的前轮开始变大，最初直径有 1 米，后来加大到 1.5 米，而后轮依然维持约 40 厘米的直径。这个时候的自行车看起来挺滑稽的。骑这样的自行车，简直就像在耍杂技一样。你可能会觉得奇怪，干吗要把自行车设计得这么怪模怪样的，不好看不说，万一摔倒了，也会非常危险。

其实，这么奇怪的设计主要是为了提高车速。当时的自行车，脚蹬是固定在前轮的轴上的，蹬一圈，车轮就转一周。如果把前轮设置得大一些，蹬一圈就可以走得更远了。不过，车轮大不但不安全，转向也变得很费劲，所以，这种有着超大前轮的自行车在出现后仅仅流行了 10 多年，就几乎没有市场了。它的市场被另外一种改进型自行车抢走了，就是一种有链条的安全型自行车。链条解决了“蹬一圈，轮子只能跟着转一圈”的问题。

后来，1891 年，米其林兄弟给自行车装上了充气轮胎，这下减震效果远远超过了之前的自行车，也就是从 1891 年起，自行车就和今天的基本款自行车高度相似了。

## 自行车和赛马的较量

自行车从 19 世纪 90 年代后被人们迅速接纳，因为它确实很实用。之前说过，自行车被发明出来，就是为了取代马。所以，那时的人们判断要不要买自行车，也总是跟马做比较，然后得出结论。

1893 年，人们举办了一场比赛，让自行车和赛马进行较量。比赛的起点是在现在的奥地利首都——维也纳，终点设在德国首都——柏林，两地之间的距离将近 600 千米。这场比赛据说有 100 多名自行车骑手和 100 多名赛马骑手参赛。

结果，骑自行车比骑马快多了。更重要的是，参赛的马在完成比赛后的一周内，竟然死了 30 匹。它们是因为比赛强度太高而活活累死的。而自行车选手们却纷纷表示：如果有必要，下周他们就可以再比一场。

从此以后，自行车就正式走入了人们的生活。

1887年的彩色印刷品显示自行车已然走入大众生活

创意延展

## 自行车的消费逻辑

进入 20 世纪，自行车的价格慢慢降了下来，对当时欧洲和美国的工人来说，他们花上半个月收入就能买一辆自行车。在此后 100 年的经济学研究中竟然出现了这样的规律：凡是在经济危机发生或者是战争导致经济大萧条的时候，自行车的销量都会显著增长，而与此同时，汽车的销量都会显著下降。所以，在交通研究者的眼里，自行车在 100 多年前是马车的直接竞争对手，而在如今，汽车可以算是自行车的直接竞争对手。

出行是生活中的必要需求，对个人来说，没钱就骑车出门，有钱就买汽车出门。这大概就是今天自行车的消费逻辑。

# 蒸汽机——是瓦特发明的吗

大家通常认为是瓦特发明了蒸汽机，其实这不太准确。

## 老式蒸汽机

在瓦特出生之前约 40 年，蒸汽机就已经出现了。在这几十年里，人们使用蒸汽机主要是为了从煤矿的矿井里往外抽水。这就奇怪了，矿井又不是水井，为什么要从里头抽水呢？

原来，凡是土壤都含有水分，只要不是在沙漠那样的极端环境里，往下挖井是一定会挖出水来的。挖到 10 多米深时，水通常就开始从周围的土壤里渗出来了。煤矿矿井深度通常为几十米到几百米，所以渗进来的水会非常多，矿井看起来就像个水井一样。如果不把水排出来，煤矿工人就没办法钻进矿井去挖煤。一开始，如果煤矿上有 100 个人挖煤，就要配 30 个人去排水。老式的蒸汽机就是在这个背景下诞生的，人们就地取材，用挖出来的煤提供动力，用机器抽水节省人工。

1698年，托马斯·萨弗里制造了第一台实用的蒸汽动力装置

不过，老式的蒸汽机工作效率很低，最快也需要 6 秒钟才能从井下抽出一桶水，这个速度跟人工抽水比起来其实没有快多少。尽管如此，蒸汽机还是节省了人工费。后来，纽科门改良了这种蒸汽机，改良后的版本迅速在欧洲

推广开来。直到瓦特做出了新一版的蒸汽机，这些蒸汽机才退出舞台。

## 瓦特与蒸汽机的缘分

瓦特从小体弱多病，靠着自己勤奋努力，成了一名制造科学仪器的机械师。他在苏格兰的格拉斯哥大学里开了一家店铺，经常有工程系的老师来找瓦特定制教学用具。教具可用于演示，这样讲课就会比较生动。找瓦特定制教具的老师要求各不相同，所以瓦特要制造的物品种类就特别多，这对机械师来说，其实是一种极高的挑战，因为他要懂很多细节才行。他甚至自学了法语、德语，以便能看懂外国的图纸。

纽科门蒸汽机模型

他跟蒸汽机的缘分在这时出现了。当时，有位老师给瓦特的工作室送来了一件特别的模型，那是一台坏掉的纽科门蒸汽机的模型，老师想用这台模型给同学们展示蒸汽机的工作原理，所以请瓦特帮忙修复一下。瓦特的手艺确实不俗，甚至比截止日期提前了很多天就修好了。瓦特在修理的过程中弄懂了蒸汽机的工作原理，并在之后找到了提升蒸汽机效率的办法。

## 蒸汽机的工作原理

要想提升蒸汽机的工作效率，需要先知道什么是蒸汽机的能量转化效率。这里涉及一个很重要的物理知识，就是能量的相互转化，比如太阳能可以转化成电能，电能可以转化成电风扇的动能，等等。当一种能量转化为另一种能量的时候，能量无法全部转化，而是会损失一些。比如给手机充电，电从插座进入手机的过程里也发生了转化，损失的能量比例大约是 10%，也就是说，原本插座里有 100 份能量，充进手机里的能量大约是 90 份，在这里，能量转化效率就是 90%。

而老式蒸汽机的能量转化效率低到什么程度呢？只有 0.05%。也就是说，通过烧煤产生的 1 万份热量，最终只有 5 份可以变成抽水用的动能。1 万份中只有 5 份用来工作，这效率也太低了，这种机器放在今天就是一个废品。

为什么老式蒸汽机效率那么低呢？可以把它理解成一个盖着盖的蒸锅。锅里烧着开水，水蒸气自然会把锅盖顶起来，如果将锅盖换成塞子，并让塞子和锅壁之间保持密封，让塞子能上下活动，那么，我们就造出了一台简易版蒸汽机，它能把水蒸气的热能转化成塞子上下运动的动能。

塞子向上活动很好理解，因为水蒸气顶着它向上运动，在向上运动的同时，一部分热能转化为动能，把热量带走了一些。与此同时，通过冷却锅子，水蒸气的温度马上会降下来。塞子下方的水蒸气冷凝，形成真空，气压下降，那么塞子就又会向下运动。但是，这是理想状况，实际中水蒸气的温度下降得并没有那么快，一大锅水哪能那么快凉下来，所以，有的老式蒸汽机每隔好一会儿，塞子才能上下运动一次，就是在等着降温。

这么一等，效率就低了，但瓦特注意到，老式蒸汽机的工作效率这么低都有人买，可想而知，如果能够提升蒸汽机的效率，新式的蒸汽机岂不是能够大卖特卖？于是，瓦特就开始钻研他自己的蒸汽机了。

布面油画《詹姆斯·瓦特和蒸汽机：19世纪的黎明》

# 瓦特改进蒸汽机

怎么改进呢？瓦特想到，我们真正需要的其实是最后的动能，是塞子的上下运动，那么，如果我们在每次产生水蒸气之后，就把水蒸气导入一个单独的金属罐子里，把水蒸气和那一大锅热水隔离开，就不需要冷却一大锅热水了，只要单独冷却金属罐子就可以了。金属罐子和塞子下的空间可以直接接通，水蒸气冷凝而形成真空，塞子向下运动。

瓦特的改进带来了两点好处：一是降温不用等太久，塞子的运动速度就快多了；二是节省了大量的燃料。以前塞子上下运动一次，得冷却一大锅热水，之后想再次推动塞子，还得再次烧煤以产生新的水蒸气。失热多，需要补的热量也自然多，烧的煤就会多。经过瓦特的调整，那一大锅水一直都是热的，失热少，需要补的热量自然也少，煤的用量可以节省约 70%。

这还只是瓦特初步做的改进，后来正式开卖的瓦特蒸汽机，能够比最开始的老式蒸汽机节省 90% 以上的煤。很多投资人都对它深感兴趣，瓦特的机器快速普及开来，后来促成了全世界的第一次工业革命。“第一次工业革命”这个概念在初中历史课本里会讲到，它最重要的特点就是用机器动力取代了人力和畜力。效率翻倍的瓦特蒸汽机就帮助人们做到了这件事。

后期的瓦特蒸汽机

## 蒸汽机改变世界

美国的“钢铁大王”卡内基曾经估算过，1905 年全世界蒸汽机提供的动力，换算过来，相当于 36 亿工人提供的动力。同一年，全世界的人口为 17 亿左右。也就是说，蒸汽机一下子把人类的工作效率提高了几倍。而且，机器还不用睡觉，几乎可以彻夜不停地运转。

在第一次工业革命之后，机器进一步发展，今天，机器提供的动力相当于 6 100 亿劳动人口提供的动力。换个角度来看，这相当于每一个人——不管男女老幼，背后都有约 76 台机器在为我们劳动。正因为有了高效率的机器，我们才有大量的时间学习、旅行，做自己喜欢做的事情，文明才会进步得更快。

从前衡量一个国家的经济总量有多大，主要看劳动人口数量。比如，一个国家遇到大灾荒，损失了 5% 的劳动人口，那么它的经济总量差不多也会减少 5%。蒸汽机的出现改变了这一点，在蒸汽机出现后，经济总量的变化开始越来越多地受到机器数量的影响。机器总功率提升的速度超过了人口增长的速度，那么在理想情况下，人均收入就会增加，人们的生活水平就会提高。所以，蒸汽机的出现改善了人们的生活。

与此同时，蒸汽机还带来了另外一个改变，就是工厂不必再建在河边。从前，工厂通常得建在河边，因为需要用水流的力量来推动很多重型设备。有了瓦特的蒸汽机，工厂就可以建在任何地方了，而有大批工人聚集的地方又会逐渐形成新城市。所以，也可以说蒸汽机塑造了现代城市的样貌。说蒸汽机改变了世界一点都不夸张。

既然蒸汽机这么厉害，你可能就要有疑问了：为什么现在我们见不到蒸汽机了呢？有人说，蒸汽机是被电动机和内燃机取代了。其实这话不完全对。

在今天，蒸汽机依然发挥着重要的作用。在一些特定的应用场景中，人们依然强烈依赖蒸汽机，比如世界上很大一部分电都是由蒸汽轮机产生的，所有的火电站、核电站里都有蒸汽轮机。一个大型发电厂的蒸汽轮机可以提供一座小城市所有居民需要用的电，它们的体积相当庞大。这个规模的能量输出，说明蒸汽机的优势还是相当大的，所以，蒸汽机还在我们普通人看不到的地方继续工作着。

# 红绿灯——为什么红灯停，绿灯行

1867 年，英国伦敦警察厅公布了上一年伦敦街头交通事故的总体情况，这份报告指出，在前一年里，车祸导致 1 102 人死亡，1 334 人受伤。

那个时代的街头跟今天可不一样，今天人们一出门就能看到大街上有很多汽车，大部分是动力装置安装在车内部的内燃机汽车，这类汽车是 1885 年才发明出来的，也就是说，在 1866 年，这类汽车还没有出现。

那么，当年的伦敦街头有哪种机动车呢？答案是蒸汽机汽车。蒸汽机汽车的动力装置在汽车外部，能量容易散失掉，速度远没有今天的汽车那么快。而且，英国政府还对机动车速度做了限制，要求城市里的机动车速度不能超过每小时 6.4 千米，这比骑自行车的速度还要慢。

1870年前的蒸汽机汽车

汽车不能高速行驶，因此街道上除了马车，其他交通工具的速度都没有自行车快。就算是这样，伦敦街头还是交通事故频发。

这也太糟糕了，怎么办呢？

## 世界上第一个红绿灯出现

伦敦警察厅的警察总监就提议说：我们试试在重要的路口安装交通信号灯吧。这个提议促成了红绿灯的发明。

世界上第一个交通信号灯就在1868年12月9日出现了。根据事故统计数据，当时大乔治街和布里奇街的交叉路口最危险，所以第一个交通信号灯就装在那里。

这个交通信号灯是怎么设计的呢？我们都知道“红灯停，绿灯行”，但这个规则最开始是怎么制订出来的呢？怎么让大家知道灯的颜色代表什么含义呢？如果有人理解成红灯是催我们赶快通过，那不就出事了吗？

发明家想到了一个好办法，直接借鉴当时英国社会中大家都认可的规则。在英国中部，当时有一种约定俗成的做法，即年轻女士可以用衣着的颜色来表示自己是否接受男士的追求。如果女士的整体着装是红色的，那就表示她已经结婚了，请男士不要再追求她，向外释放的是拒绝的信号；如果是希望被追求的未婚姑娘，则可以穿上以绿色为主的衣服，也就是向外释放允许的信号，表示“我是一个可以交往的对象”。

铁路道口的煤气灯

这里的逻辑就是，红色表示停止、拒绝，绿色表示前进、允许，于是，交通信号灯就借鉴了这个规则，不准前进就用红色，允许前进就用绿色，这样一来，大家就都能懂得红灯停、绿灯行了。

但下一个问题又来了，上哪儿找红色的灯和绿色的灯呢？今天我们想要什么颜色的灯都有，而在1868年，实用的灯泡还没出现呢。爱迪生的灯泡专利是在这之后12年才申请到的，要再过较长一段时间灯泡才会普及开来。

所以，当年的交通信号灯跟今天的很不一样，它不是电灯，而是煤气灯。灯里面接通煤气管道，点燃煤气，就能烧起一团火，这就是灯光了。但是，怎么控制火焰的颜色呢？这不好办，只能改变玻璃灯罩的颜色了。

人们将红色和绿色的旋转式玻璃灯罩罩在火焰的外面，这样能够呈现出红色和绿色的灯光。只有到太阳落山之后，交通信号灯才需要被点亮。当时，这盏灯挂在一根约 6.6 米高的柱子上，柱子里面是中空的，藏着一根煤气管和一个装置。这个装置就是用来旋转红绿灯罩的。

问题又来了，靠谁来旋转灯罩呢？那就只能派一个交通警察专门负责这件事了。他要根据交通状况切换颜色，每次切换前要吹哨子提醒大家：要变灯了！这可真是体力活儿。

那么，红绿灯出现在路口以后，交通状况应该变好了吧？很遗憾，一开始交通状况并没有变好，反而变差了，因为不少伦敦市民都好奇地跑来看这第一盏红绿灯。一些商贩就发现了商机：这么多人围在这里，还有一些等红灯的人无事可干，那不如把小商品拿到路口去卖给他们。这些变化导致路口比从前更堵了，交通状况也就变差了。好在伦敦马上就出台规定，不许在路口摆摊，算是解决了这个问题。

## 对红绿灯的偏见

那么，市民对红绿灯的评价怎么样呢？回答是不太好。尤其是马车夫，他们觉得红绿灯给他们添麻烦了，因为不能畅通无阻，必须等红灯，这让他们的工作多了不少麻烦。

其实这是大家对红绿灯有偏见。为什么这么说呢？大部分人在路口遇到绿灯的时候，并不会觉得自己是幸运的，大家都觉得这是理所应当，但如果遇上了红灯，那就会觉得麻烦了，印象也会特别深刻。而且，一开始人们可能没有感知到交通状况的明显改善，所以，差评就远远多于好评。

遗憾的是，这盏红绿灯的结局并不美好。在运行的第 24 天晚上，轰隆一声，煤气灯爆炸了。那个负责旋转灯罩的交通警察被炸得双眼失明。就这样，世界上第一盏红绿灯因为群众的骂声和一次事故被拆除了。直到 57 年后，伦敦才再一次引入红绿灯。

在那 57 年间，世界上的马车在增加，汽车在增加，甚至自行车也在增加，路口越来越拥堵，就必须有疏导人流和车流的方法。当时，在美国的许多街道上，疏导的方法都很原始，是靠交通警察手举着牌子来引导大家通行的。车子该走的时候，交警会举起写着“Go”（前进）的牌子，车子该停的时候，他们就举起写着“Stop”（停止）的牌子。

## 由电力控制的红绿灯

和今天类似的红绿灯于 1914 年出现在美国的克利夫兰市，是由美国交通信号灯公司安装的。这盏灯高约 4.5 米，使用了电灯泡，只有红绿两种颜色，并且配有蜂鸣器。在要变灯之前，蜂鸣器会“嗡嗡嗡”地叫起来，预先给大家警告。这种“在红灯前留出一段准备时间”的设计所起到的作用，就相当于今天的黄灯的作用。这时每盏红绿灯都需要由交警手动操作，他会根据不同方向的车流自行判断红灯持续的时间。

1914 年是美国汽车业快速发展的一年，当时福特最便宜的一款车只卖三四百美元，很多家庭都能买得起小汽车，所以在美国大城市里，红绿灯显得尤为重要。在克利夫兰出现第一盏由电力控制的红绿灯之后，芝加哥、纽约等大城市也都建了类似的红绿灯。

这时，红绿灯还是单独控制的，下一步要解决的是联动控制的问题，如果能一次控制

美国纽约哈德孙街的交通信号灯。图片拍摄于1961年

20世纪40年代，美国街头安装红绿灯的工人

好几盏红绿灯，就能节省交警的人力。1917 年，在电动红绿灯出现 3 年之后，盐湖城在 6 个相邻的十字路口安装了可以联动控制的红绿灯，所有控制信号都由附近岗亭内的一个人操作就可以了。而且，不光交警有操作权，治安警察和消防兵也有权控制红绿灯。不久之后，起警示作用的黄灯也出现了，司机远远地就能看到，明白“不久就要变成红灯了，要准备停车”。

不过，这时候的联动控制方式还很依赖操作人员的判断。1950 年之后，地下传感装置出现了，这种装置能检测路口的车流量，然后自动分配红灯和绿灯的时长，不再依赖人的判断和反应，这就大大提升了交通运行效率。后来，半导体工业崛起，中央处理器（CPU）出现了，很多从前必须由人控制的环节都可以交给 CPU 来做了。于是，路口的红绿灯就实现了自动化管理，除非出现交通事故或者交通信号灯故障，平常基本不需要人为干预。

## 红绿灯的未来

红绿灯的发展还在继续。今天，红绿灯不只是交通信号灯，它成了智能交通监控系统中的一环。这个系统还处在刚刚起步的阶段，它需要收集每辆车的行驶状况，然后对车辆的始发地和目的地做分析，最终提供缓解交通压力的最优方案。

在最理想的情况下，这个系统能对整个城市内所有道路的设计、红绿灯和立交桥的设置等提出优化方案。但我们不可能把整个城市原本的设计推倒重来，所以，我们暂时只能通过分析数据，在原有设计的基础上做微调，比如在某两条街道间增加一条小道。总之，红绿灯成了城市设计的重要组成部分。

未来红绿灯会不会消失呢？有可能。如果这套系统继续发展，而且每辆车都是自动驾驶，那系统就可以把实时最佳路线发给车辆，车辆自动按照最快路线到达，红绿灯可能就只剩下给行人和自行车骑手提供信息的价值了。当然，现在距离这一未来还有段时日，我们要看好红绿灯、安全过马路才行。

创意延展

## 过马路要注意安全

那么，怎么看红绿灯过马路才更安全呢？现在的道路比较宽，所以两个方向的红灯会有重合的时间，比如，东西方向的黄灯变成红灯了，照理说南北方向应该从红灯变成绿灯了，但这时候，南北方向的红灯一般会再维持 3 秒左右，这 3 秒时间叫作清空时间，也就是让在黄灯闪烁时还来不及完全通过的东西方向的车过去，清空路口之后再放行另一个方向的车。

有些司机知道清空时间的存在，所以心存侥幸，在看到路口没有摄像头时，可能就想趁着这 3 秒时间闯一闯红灯。这对另一个方向上的行人来说就很危险了，如果有人想在绿灯一出现时就尽快通过路口的话，他就可能会和在清空时间里才进入路口的车辆撞上。

所以，我们在过马路的时候，哪怕绿灯亮了也不要着急冲出去，要先观察清楚，看看另一个方向有没有打算闯红灯的司机。闯红灯的车速度很快，十分危险，千万要保护好自己。

# 集装箱——伟大的发明未必需要技术创新

今天我们能买到世界各地的商品，有一样发明功不可没，那就是集装箱。你可能会说，集装箱有什么了不起的，不就是个箱子吗，做个铁皮箱子还不容易？看完下面的内容，你也许就会改变想法。

## 拥挤的港口

70 多年以前，世界上大多数的港口都是非常拥挤的。当时，货物装在箱子、木桶、袋子里，放在船舱里或者甲板上，漂洋过海运到港口，之后就要靠装卸工人帮忙运出来。工人们有的用小平板车推着货物，有的用肩膀扛着货物，穿梭在码头的各个区域。当时，一

约20世纪20年代，澳大利亚阿德莱德港皇后码头上等待装船的散装货物

20世纪30年代，码头工人的工作场景

个大型港口往往需要雇用几万人才能维持运转。

举个例子，一大袋咖啡豆要从美洲被运到欧洲，它会经历什么样的过程呢？第一步，它会从工厂的仓库里出库，被抬到卡车或火车上。第二步，它被运送到美洲港口的码头，从车上卸下来。第三步，经过登记，它进入码头的中转仓库。第四步，它从中转仓库里出库，经过清点，被装卸工人搬运到船只的旁边。第五步，码头上的工人会把这袋咖啡豆摆到吊货板上面，通过船上的起重机吊起吊货板，把货物放在船上。第六步，船上的工人会把货物整理好，放在船舱里。到这时，咖啡豆就可以被运去欧洲了。等到了欧洲之后，它还需要经历几乎同样多的、反过来的步骤，从船上被卸下来，送到欧洲的市场上去。

码头上运送货物的工作跟搬家挺像的，只不过在规模上大了许多。这里面会有很多需要注意的细节，咖啡豆还比较容易搬运，如果是运送香蕉，那搬运的时候还要注意别把水果碰坏了。

如果要运送 100 吨香蕉，每个网兜里装 50 千克，那一共就有 2 000 个网兜，需要 100 个装卸工每人搬 20 趟，才能把 100 吨香蕉从一个地方挪到另一个地方，这对体力的要求非常高。如果要运送水泥，工人们走过的路上会掉落很多水泥粉末，容易打滑，走在上面很危险。据英国 1950 年的统计，码头装卸工人非常容易受伤，工伤率是建筑工人的 3 倍，是制造业工人的 8 倍。

## 麦克莱恩的运输公司

看了半天，怎么还没提到集装箱呢？不要着急，马上就要说到了。集装箱的发明者是美国人麦克莱恩。他出生在一个贫困的家庭，高中毕业后成了一名卡车司机。他干活非常拼命，每攒够一笔钱就去买一辆新卡车，雇一个司机为他开车。在5年的时间里，他已经拥有了一个小运输公司，有5辆卡车，雇了好几个司机来接订单、跑长途。

又过了几年，公司已经快速发展成拥有几百辆卡车的大公司了，收入已经非常不错了，但麦克莱恩并没有止步，他还在关注整条运输链的细节，想知道哪些环节可以节省成本。他关注的其中一个环节是加油，他想，自己公司有这么多卡车，如果都去某几个加油站加油的话，对加油站来说他就算是大客户了，加油站也希望留住这样的大客户，所以应该会有优惠吧？麦克莱恩就去找附近几个位于主要运输路线上的加油站谈合作，省下了不少油费。

麦克莱恩

## 建设自己的码头

但是，光是省些油钱还不够，麦克莱恩遇到了一个大问题：他的卡车经常去码头接货，但是码头太拥挤了，去码头的道路上还总是堵车。麦克莱恩就想规划一条合适的路线，自己建一个专用码头，先把卡车开去自己的码头，然后用船把卡车运到接货的码头。这样不仅避开了拥堵，提高了速度，连油费都省了不少。

麦克莱恩挺有想法的，可惜，这违反了当时的行业监管规定，因为做陆地运输的公司不能随便建码头、经营海上运输业务。怎么办呢？干脆开一家海运公司！于是，麦克莱恩花了一大笔钱买下了一家海上运输公司。

## 集装箱的出现

可是，实施计划的时候他又发现了问题，把拉着货的卡车开上船挺浪费空间的。为什么呢？货运卡车的前面是一个车头，后面拖着一个大身子，车能跑起来主要靠车头提供动力，车身是用来装货的。在陆地上运输的时候，车头很有必要，但如果通过轮船运输，还要这个车头干什么呢？车头又重又占地方，能不能不要它上船呢？

麦克莱恩想，不如只把车身留在船上，等到了目的地，再用其他车头把车身拉走。这么实施了一段时间，他又发现，其实还可以节省空间，因为车身部分的轮子也没必要上船，只运车身上那个大箱子不就足够了吗？等到了目的地，再把大箱子装到有轮子的车头和拖架上，卡车就又拼好了。

而且，没了轮子之后，大箱子还可以摞起来放，就像堆积木一样，这样更节省空间。

后来，人们把箱子的尺寸固定下来，客户打算运的东西都装在同一尺寸的箱子里，运输的时候箱子就像鞋盒一样整整齐齐地码放在轮船上，提高了运输的安全性和效率。集装箱就这样出现了。

## 集装箱的影响

集装箱的出现推动了码头的整体改造。首先，不再需要那么多装卸工人了；其次，为了抬升重达几十吨的集装箱，码头需要安装大型的轨道式起重机；最后，轮船的结构需要优化，这样才能装下更多的集装箱。为了实现改造码头的构想，麦克莱恩需要买下几个港口的经营权和一些货轮。麦克莱恩需要投入的钱更多了，他贷了 4 200 万美元来做这件事。4 200 万美元可不是一个小数字，放在当年就更不是了。

但是，麦克莱恩看见了做这件事能带来的长远利益。怎么证明这一点呢？在码头建好之后，他请人测算了用传统方法运输的成本及用集装箱运输的成本。结果令人震惊。以运输啤酒为例，用人工装卸的传统方法，啤酒的运输成本是每吨约 4 美元，而用他的集装箱运输方法，成本竟然降到了每吨约 0.2 美元，节省了约 95% 的运输成本。在 1956 年 4 月，第一艘装着集装箱的船出海了。

## 不被客户所接受

看起来，麦克莱恩的集装箱运输方式有着很大优势，接下来他应该大赚特赚了吧？真实的世界可没有童话故事那么美好，实际上，他费了那么大劲投资的运输企业和集装箱运输业务，在接下来的几年里，竟然一度是亏损的。

他能大大压缩运输成本，怎么还亏了呢？这是因为，如果每个客户都能接受新的方式，那确实会大大降低运输成本，但最开始，大部分客户都没听说过集装箱这种东西，大家几乎都不用集装箱。

而且，成本是基于理想情况测算的，而实际情况是，一些船上装的东西是散货，用不了多少集装箱，而且里面的物品也没有有效地利用空间，到了目的地之后还要靠装卸工人拆开箱子，把货物一件件地从箱子里拿出来、运走，并没有节省多少人力。

## 集装箱运输方式的发展

那么，集装箱的命运是怎么改变的呢？为什么后来它会被客户广泛认可呢？这是因为，20 世纪 60 年代发生了一件大事，集装箱这个发明正好满足了一个需求，而且把它的优势发挥得淋漓尽致。这件事就是越南战争的爆发。

当时，美军掺和到越南战争里，他们需要快速地运送大量物资到亚洲，提供给军队。其中一些物资是可口可乐、午餐肉罐头等商品，非常适合用集装箱运输。

麦克莱恩的公司通过为美军运输物资，短短几年的收入就达到了 4.5 亿美元，之前的投入和坚持终于有了回报。还记得我们之前讲过的拉链的故事吗？拉链也是因为满足了军队的特殊需求才能快速普及开来。

到了 20 世纪 70 年代，集装箱的繁荣时代到来了，这时候，大部分码头都采用标准尺寸的容器来装产品，大大提高了效率。以前把货物全部搬上船可能需要三四天的时间，现在可能只需要 10 个小时。水手们的生活也因此改变了，以前他们到了一个新码头后能有几天时间体验当地风情，现在他们可能只来得及在码头附近吃顿饭。

而更大的改变发生在 20 世纪 80 年代，集装箱提高了运输效率，使得生产企业不需要囤积那么多原材料了。从前，生产企业要准备大大的库房，备好足够多的原材料，以免运输时出现意外导致停产，停产的损失可就大了。现在，仓库里不用堆那么多原材料了，既

21世纪的集装箱码头

省空间又省钱。生产成本、运输成本都降低了，商品也就有了降价的空间。

别看集装箱只是个箱子，全世界的生产企业都因为这个发明受益了，甚至我们每一个普通人都享受到了成本下降带来的好处。这实在是个了不起的发明。

# 飞机——从达·芬奇到莱特兄弟

你肯定对“莱特兄弟发明飞机”这个说法非常熟悉，没错，莱特兄弟的确是世界上公认的固定翼飞机的发明者。不过，莱特兄弟并不是最早飞上天的人，早在他们发明固定翼飞机之前 120 年，就有人在天空中翱翔了。

但在那 120 年间，人们在天空中还很难自由控制飞行的速度和方向，飞行是一件非常危险的事。

在莱特兄弟的发明问世之后，飞机技术才得到了迅猛发展。在莱特兄弟中的弟弟还在世的时候，就已经有了超声速飞机，飞机的发展速度之快恐怕是这两位发明人都没有想到的。

## 莱特兄弟的故事

莱特兄弟到底是怎么发明飞机的？下面讲讲这个故事。

莱特兄弟家里的孩子其实不止这两兄弟，他们家有 7 个孩子，最后长大成人的只有 4 个。莱特兄弟指的是老三和老六，他俩相差 4 岁，并和最小的妹妹玩得最好。他们的父亲是个主教，需要在不同的教区工作，在他们年纪还小时，他们一家总是搬来搬去。很多科学研究表明，成年之前阅历丰富，对个人今后的发展非常有利。莱特兄弟可能也从小时候的经历中受益匪浅。

年幼的莱特兄弟——奥维尔·莱特（老六）和威尔伯·莱特（老三）

在老三 18 岁的时候，他遭遇了人生中的第一次重大打击：在一次曲棍球比赛中，他被别人的球棍打掉了 3 颗门牙。原本俊俏的小伙子，现在不敢张嘴了，这让他心情特别低落。

这个年轻人原本打算申请一所好大学，这下连升学也放弃了。在当时的美国，1 000 个人里可能只有两个上过大学，而莱特家的老三本来有申请名校耶鲁大学的能力，可以说是个名副其实的学霸。

18 岁之后的这几年，老三一边照顾患了肺结核的妈妈，一边帮爸爸做社区工作，有空的时候还去爸爸的图书收藏室看看书，慢慢地，他从失落里走了出来。1889 年，老六开办了一家印刷厂，不久之后，他们兄弟俩开始办报纸。办报纸虽然赚钱不多，但是让他们接触了大量社会新闻，开阔了眼界。

美国国家航空航天博物馆中展出的莱特牌自行车

1891 年，他们报道了法国一场自行车比赛，第二年，莱特兄弟开了一家自行车店，既卖车又修车。他们赶上了时代潮流，自行车在美国大热，他们的店也非常赚钱。4 年后，他们成立了莱特自行车公司，自己生产自行车，然后自己卖。到此为止，兄弟俩并肩创业数年，收入还不错，妹妹也加入了公司帮他们打理各种事务。有了妹妹帮忙，莱特兄弟就可以干点别的了，他们把注意力转移到了滑翔机上，后来干脆把自行车业务全交给了妹妹。

## 人类飞行的方式

在莱特兄弟研究滑翔机之前，人类飞行主要靠 3 种方式：乘热气球、乘飞艇和利用滑翔机。热气球早在他们出生前 80 多年就出现了。在兄弟俩开自行车公司的时候，飞艇技术也在迅速发展。

当时的滑翔机的工作原理类似纸飞机，滑翔机虽然像飞机一样有翅膀，但是没有发动机，没法儿往上飞，只能向下滑翔。人们想让滑翔机飞行，就得先把它运到比较高的地方，然后让它俯冲下去。

对飞机爱好者来说，必须记住的一年是 1896 年，这一年发生了好几件大事。先是科学家塞缪尔 · 兰利让一台装有蒸汽机的无人飞行器飞上了天空。接着，航空先驱奥克塔夫 · 沙努特试飞了 3 种不同结构的滑翔机，都成功了。

之后，在 8 月，当时全世界滑翔机驾驶经验最丰富的人——奥托 · 利林塔尔发生了意外，从 6 米高空坠落。在此之前，他已经成功飞行了好多次，谁也没想到他会出事故。利林塔尔重重摔在地上，导致脊椎断裂，当时腰部以下就无法动弹了，而且手术还失败了，最终，利林塔尔在第二天下午去世。

利林塔尔的意外去世让莱特兄弟很伤心，因为他正是莱特兄弟在滑翔机领域的引路人。利林塔尔的许多观点一直激励着莱特兄弟研究滑翔机。他们从利林塔尔写的书里学到了许多关于设计和操控滑翔机的宝贵知识。

飞行中的奥托 · 利林塔尔，约1895年摄于柏林

不过，利林塔尔的去世也激发了莱特兄弟的斗志，他们联系了很多图书馆和学会，希望获得和飞行相关的所有资料进行研究，逐渐认识了更多研究滑翔机的人，比如英国工程师皮尔彻。他认识利林塔尔，也是由利林塔尔领入滑翔机研究领域的。在听说利林塔尔出事之后，皮尔彻很希望找到失事原因。3 年后，他试飞了自己的滑翔机，这是一种有动力、能自己抬升高度的滑翔机。

但是结果很不幸，皮尔彻和他的飞机从 20 米高空撞向地面，皮尔彻因此去世了。消息传来，莱特兄弟除了感到悲痛，越发觉得要抓紧研究了。

## 风洞的设计

于是，他们仔细研究了皮尔彻的设计，改进了控制机翼的方式，提升了飞机的抗干扰能力。之后，莱特兄弟还设计了风洞。我们可以把风洞理解为一个吹着风的隧道，它其实就是模拟飞机在飞行时周围气体的流动情况。研究者一般是用密封性好的材料做成一个隧道一样的空间，把飞机和大风扇放在里面，将大风扇对着飞机吹。

有了风洞，就可以仔细观察气流、机翼、机身三者的相互作用。没有风洞的时候，只能飞上天去试验，一旦失败就非常危险。所以，风洞这个设计对莱特兄弟的研发非常有用。

美国一家航空航天博物馆展出的莱特兄弟的风洞模型

## 莱特兄弟反复试飞

从 1896 年开始，也就是从利林塔尔去世的那一年开始，莱特兄弟把全部的精力投入到飞机研发上。他们租了一片僻静的海滩，在上面搭好风洞试验室和试飞的跑道，从当地村子里找来了木匠和他们一起干活。

1901年，威尔伯·莱特与滑翔机

兄弟俩的吃住都在那片海滩上，家里的买卖基本都交由妹妹照看。妹妹还负责把哥哥们的好想法写成材料，去各地演讲，拉投资——毕竟，飞机的研发费用可不是一个自

1903年，“飞行者一号”首飞

行车厂就能赚得回来的。

后来，莱特兄弟成功滑翔了许多次，掌握了很多控制机身平衡的技巧。他们成功地把一台内燃机安装到了滑翔机上，这下，他们的滑翔机有了动力，变成了真正意义上的飞机。

1903 年 12 月 17 日，兄弟俩把他们的“飞行者一号”推上了山丘，准备试飞。其实那天刮着 6 级大风，是不适合飞行的，但他们还是决定冒险尝试一下。第一次试飞时，飞机飞行了约 12 秒后，失去平衡栽到了地上，就像是一下子栽到地面上的风筝。落地的时候弟弟摔了出去，伤到了肩膀。他们简单地修理了一下飞机，处理了一下弟弟肩膀的伤，然后又开始了第二次试飞。

第二次试飞由哥哥进行，飞机在大风中起飞了，飞行了 12 秒，飞过了 53 米，然后平安落地。别看没飞多远，这可是世界上第一次由重于空气的飞行器顺利实现的有动力、可操纵的持续飞行。这是历史性的时刻！

飞机平安落地后，弟弟忍着肩伤上阵，进行了第三次试飞，这次飞行了 60 米。此后，哥哥进行了第四次试飞，这次飞了 259 米。他们飞得越来越远了。

别看他们的飞机飞行速度和骑自行车差不多，在空中待的时间不长，飞得也不高，但是，从设计流程、机翼设计、机身操控方式等方面来看，今天所有固定翼飞机都是这架“飞行者一号”的“后代”。也就是说，它是当之无愧的世界上第一架飞机。

有了莱特兄弟的发明，飞机快速发展起来，只过了几年时间，时速已经达到上百千米。又过了十几年，飞机已经能够连续飞行几百千米，甚至被用到了战场上。

## 莱特兄弟成功的秘诀

在飞机发明成功后，莱特兄弟收获了巨大的荣誉和大量的金钱，这种时候很容易发生兄弟决裂的事情，但莱特兄弟互相谦让，两个人都不愿意承认自己是这项发明的主要发明人。

所以，飞机才成了发明史上少有的以“某某兄弟”为发明人的发明。莱特兄弟的妹妹还曾经给记者透露过一个细节，在 1903 年之前的试飞，大多数都是哥哥完成的，因为他不希望弟弟出意外。真挚的亲情陪他们克服困难、度过低潮、获得了成功。

阅历丰富、坚持不懈、注重细节、重视亲情，这可能就是莱特兄弟的成功秘诀吧。

1910年的莱特兄弟

### 创意延展

### 如何折出飞得更远的纸飞机

看完发明飞机的故事，接下来告诉你一个让纸飞机飞得更远的小诀窍，就是机翼的末端一定要向上翘。你可以用铅笔把机翼末端稍稍往上卷一下。这样一来，当气流通过机翼末端的时候，机翼末端的涡流强度会降低，阻力变小。真飞机的机翼末端也是稍稍扬起的，这样可以减少阻力，降低油耗。

# 直升机——从哆啦A梦的竹蜻蜓说起

在日常生活中，人们常把直升机视为飞机的一种，但从定义和工作原理来看，飞机和直升机是有区别的。飞机的飞行思路来自滑翔机，而直升机的飞行思路或许可以追溯到2 000多年前的物件。但是最终直升机出现在现实中的时间，却比莱特兄弟发明飞机晚了20多年。

为什么直升机的发明那么难呢？那是因为，让直升机飞起来简单，要想控制好它却极为困难，甚至到了今天，直升机还是飞行事故频发。

那么2 000多年前的物件是什么样的呢？如果你看过动画片《哆啦A梦》，对这个物件肯定不会陌生，它就是竹蜻蜓。竹蜻蜓有2或4个叶片、1根杆子，用手搓动杆子，叶片就会旋转起来。如果你搓得用力，叶片转得快，那么你松手的时候，竹蜻蜓就会飞上天。

在动画片里，哆啦A梦甚至可以把竹蜻蜓固定在头顶上，让自己飞起来，竹蜻蜓起到的作用就像直升机的螺旋桨一样。

竹蜻蜓可能是在中国2 000多年前的春秋时期出现的，最早被认为是炼制丹药的人“成仙升天”用的工具。这种飞行之梦不只中国人有，外国人也有。比如，著名的画家达·芬奇在自己的笔记里就勾勒过直升机的样子，当时达·芬奇给它起名为“螺旋桨飞行器”。

达·芬奇的“螺旋桨飞行器”设计草图

不过，在这之后，人们对飞行器的设想大都参考鸟和昆虫飞行的样子，认为要安上一双能挥动的翅膀才能飞。很多人都做了这样的尝试，结果自然是受伤不轻。因为人的双臂无法持续挥动一对巨大的假翅膀，所以飞不起来、往下摔是很自然的事情。

真正从工程师角度一步步尝试设计直升机的人，是英国科学家乔治·凯利。凯利的观察对象包括鸟、鱼以及竹蜻蜓。他观察鸟和鱼，看它们如何在空中或者水中维持高度、变换方向。他通过对竹蜻蜓的研究，知道了竹蜻蜓之所以能飞上天，是因为叶片旋转的时候把空气从旋转面往下吹，下面的空气产生反作用力，把竹蜻蜓往上推，竹蜻蜓就飞起来了。

竹蜻蜓

凯利还用钟表里的游丝，制作了一个能持续旋转的竹蜻蜓。经过凯利的改进，竹蜻蜓飞到了约 30 米高，这可能是竹蜻蜓自发明以来飞得最高的一次了。

接下来，凯利继续研究各种飞行器，还发表了一篇在航空史上非常重要的文章——《论空中航行》。凯利指出：任何重于空气的飞行器在空气中都会遇到四种力——重力、升力、推力和阻力，这四种力决定了飞行器在空中的运动轨迹。凯利在 48 年间持续不断地尝试从数学的角度告诉大家各种飞行器应该怎么设计才更好，给了后世很大的启发，连莱特兄弟的设计都大量参考了他的理论。所以，他是今天全世界公认的“航空之父”和“空气动力学之父”。

乔治·凯利

1907 年左右，众多发明家都设计过不同版本的直升机，它们共同的特点就是有大大的旋翼。在旋翼的飞快旋转下，有的直升机能够离地几十厘米甚至一米多。也就是说，当时的直升机飞起来可能还没有人高，也飞不了多久。这比莱特兄弟发明的飞机可差远了。

1907年法国发明家保罗·科尔尼设计的直升机

值得一提的是，早期的一些飞机发明人和直升机发明人，他们的职业往往是自行车制造商，虽然看起来这两个领域毫无关联，但必须说，自行车是推动飞机诞生的一大灵感，自行车制造商的机械设计经验和维持自行车平衡的经验都很有借鉴意义。

第一架真正可以在空中飞行并且控制飞行方向的直升机是1936年出现的，设计者是德国的福克－伍尔夫公司。这架直升机可以载重约200千克，在开发出来后的第二年就成功地进行了多次飞行表演。本来，这第一架实用版直升机还有很大的改进空间，继续发展的话应该会非常好用，但可惜，它夭折了。

希特勒1933年上台以后，就一直在为战争做准备，要求国内的一切民营公司都要为军工企业服务。在这种情况下，民营公司要把资源耗费在不成熟的直升机改进上是被禁止的。

如果当时没有军用飞机那还好说，但在1938年的时候，固定翼飞机已经是德国空军主力了。所以，尽管德国那架可以垂直起落的直升机引起了很多人的关注，但它还是被禁止继续研发。

1939年，第二次世界大战全面爆发，但美国还没参战。那一年，美籍俄裔工程师西科尔斯基设计出了今天所有直升机的“鼻祖”——VS-300直升机。它的标准结构是，头顶只有一个旋翼，尾部还有一个和头顶旋翼垂直的小号尾桨。

VS-300直升机

怎么又多了一个尾桨呢？

我们先回过头看看竹蜻蜓，它要上升就必须把空气从旋转面往下吹，如果下面接一个驾驶舱，人坐在里面，顶上的叶片旋转起来，下面的驾驶舱就会在反作用力的作用下往反方向转，所以直升机天然就会遇到一个问题：机头的方向无法固定。

美国发明的VS-300直升机通过添加尾桨的方法，解决了机头往反方向转的问题，这其实就是在机尾处增加了一个垂直方向的“电风扇”，它的作用是往侧面吹风，抵消让机头往反方向转动的力。有了尾桨，直升机才不会在原地转圈。

接下来还要解决直升机如何前进和后退的问题。直升机的头部是略微低下去的，好像一直在俯冲一样，但实际上，摆出这个姿势的直升机能维持固定的飞行高度。这是因为，直升机的前进和后退也是靠头顶那个旋翼吹出的风。如果旋翼一直保持水平，那么直升机就只能往上飞，只有直升机稍微倾斜一个角度，让风斜着向下吹了，直升机才能水平移动。

但难就难在这个飞行姿势的调整。直升机的机头只能在很小的范围内调整角度，如果像 90° 鞠躬那样突然低了下去，那旋翼就完全不往下吹风了，升力一下就没有了，而且这时候旋翼吹出的风产生的巨大的力完全使错了方向，直升机就会在姿势无法纠正时彻底失去控制。

这个问题会让事态突然发展到不可挽回的程度，这也始终困扰着直升机的设计人员。飞行员一个小小的失误，或者突然刮来的一股横风，就有可能让直升机在没有发生任何故障的情况下坠毁。

相比之下，固定翼飞机的姿势改变后更容易恢复至平衡状态，不那么容易在某个点上突然失去控制，哪怕机身已经垂直于地面，在下坠的过程中双翼还有机会重新获得升力，能够把姿势调整回来。

不知道你有没有看过动画片《超级飞侠》？它讲的是一群飞机机器人的故事，根据刚才讲到的内容来分析，片中最容易遇到危险的应该是“救援飞侠”小爱，因为她是一台直升机。

当然，今天的直升机已经比刚发明出来的时候安全很多了，因为在 20 世纪 70 年代以后，传感器技术和自动控制技术逐渐发展起来。直升机上也用到了这两种技术，计算机可以以每秒几百、几千次的频率时刻监测直升机的姿势，让机身的姿势不至于达到无法挽救的程度，这样，安全性能也就大幅提升了。

直升机上的传统尾桨

# 汽车——灵巧的汽车是怎么诞生的

汽车是谁发明的？这个问题比较复杂。如果要挑一个最重要的人来讲，那必须是德国科学家奥托。奥托做的事情，跟前面讲过的瓦特做的事情有点像。瓦特改进了蒸汽机，而奥托改进的是一种发动机。

奥托比瓦特晚出生约 100 年，在他成长的年代，蒸汽机已经运用在各行各业了，人们在蒸汽机领域的竞争主要集中在怎么缩小蒸汽机的体积、提高蒸汽机的热效率上。可是，这两点要求放在蒸汽机上是很难同时满足的，一般来说，想要热效率高，体积就得大。

蒸汽机的燃料是煤，用煤烧水，产生水蒸气，然后，靠着水蒸气推动活塞，活塞上下运动就产生了动力。燃料是固体的煤，推动活塞的气体是水蒸气，这就意味着，蒸汽机得有两个隔离的部分来存放这两种必备的物质。如果能够找到一种东西，它既是燃料，又是产生动力的气体，那是不是就可以省出一部分空间，缩小蒸汽机的体积了？没错，当时也有人是这么做的。

有资料记载，费迪南德·韦尔比斯特设计了一辆用水蒸气驱动的车，这辆车是他送给康熙皇帝的玩具

什么东西既可以是燃料，又可以是做功的气体呢？1860 年，比利时工程师艾蒂安·勒努瓦选定了煤气。煤气本身可以燃烧，把它和空气在一个密闭空间里点燃还会爆炸，利用爆炸产生的力不就正好可以推动活塞吗？

那个时代的人们可以用煤气灯照明，煤气灯的燃料就是煤气。勒努瓦买了一些煤气，做出了发明。在他选中煤气来做发动机燃料的时候，世界上第一座炼油厂还在建设中呢。所以，这位工程师确实有着非常敏锐的洞察力。

勒努瓦发明了世界上第一台内燃机。内燃机就是燃烧在气缸内进行的发动机，跟它相对的则是外燃机。蒸汽机就是外燃机，因为燃烧是在气缸外进行的，产生的气体再被输送到气缸里。

不过，最开始发明出来的内燃机，效率比蒸汽机还低，甚至只能到当时主流蒸汽机的一半，所以，勒努瓦发明的世界上第一台内燃机，以及后续其他人发明的内燃机，都没有太大的竞争力。

直到奥托改进了内燃机的结构，才让内燃机的效率一下子比蒸汽机高了一倍。1876 年，奥托生产出第一台四冲程内燃机，功率达到 3 千瓦，大约和现在能跑 80 千米 / 时的电动摩托车的发动机功率差不多。而在这之前，内燃机的功率基本都没有超过 1 千瓦的。所以，奥托的发明很有优势。

几年前，奥托就成立了公司，公司在创建初期就招到了两位干将，一位叫戴姆勒，另一位是戴姆勒的好朋友迈巴赫。他俩是发动机设计高手，不但改进了奥托这一发动机的缺陷，还让产能大幅增加。可惜，数年后，奥托和戴姆勒产生了矛盾。

怎么回事呢？之前说过，蒸汽机很大一部分是在工厂里使用的，而奥托觉得，内燃机

艾蒂安·勒努瓦发明的内燃机

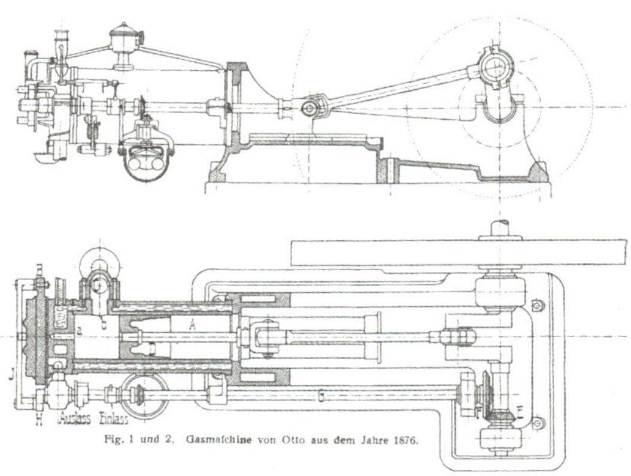


1876年，奥托设计的第一台四冲程内燃机

未来是要替代那些蒸汽机的，所以，应该要设计体积超大、能够给工厂提供动力的发动机。

而戴姆勒不认同老板的这个观点，他觉得应该设计小型的发动机，能驱动自行车或者马车才是内燃机未来的方向。两个人谁都说服不了谁，最终，戴姆勒被解雇，而迈巴赫作为戴姆勒的好朋友，一气之下也离职了。这两个人不服气，就又成立了另一家发动机公司，要完全按照自己的想法来生产小型的发动机。

第一辆内燃机摩托车（1885年）

1885 年，他们把一台改造后的小型发动机装到了当时的木制自行车上，很多人都把这辆车当作世界上第一辆汽车，其实，这怎么能叫汽车，明明是世界上第一辆摩托车嘛！值得一提的是，这种车在当时很受欢迎。

内燃机是奥托的发明，他发现已经离职的员工在自己的发明基础上改进发动机，非常愤怒，这不是侵犯了自己的专利吗？于是，奥托就把戴姆勒二人告上了法庭。

他俩到底有没有侵权呢？实话说，侵权了，但他俩也知道怎么躲过这一劫。他们请了一位律师，然后把前人已经注册专利的内燃机原理的资料给到律师。这一专利是法国工程师拿到的，时间很早，比奥托最初的设计还要早 14 年。

他们把这些材料给到律师其实是一个策略，他们试图证明：虽然这种内燃机不是我们的创造，但也不是奥托的发明，专利应该归属于这位法国人，所以，奥托没有资格告我们侵权，甚至连奥托也一样是侵权者。

最终，法官撤销了奥托的内燃机设计专利，戴姆勒和迈巴赫自然也不用赔偿奥托。而法院的这次判决，也从侧面推动了汽车的发展。因为奥托在这次失利之后，放弃了几十项和内燃机相关的专利，这就意味着，别人都可以使用奥托发明的内燃机，而不需要给奥托付专利费了。于是各国的发明家、企业家就开始大规模地应用内燃机。

德国邮票上的奥托

为什么奥托要放弃专利呢？是他觉得自己理亏吗？其实不是，主要的原因是他自己的公司在发动机领域已经有很高的市场占有率了，市场上大部分是他公司的产品，这不是一般公司能轻易追上的，到了这个阶段，比拼的核心不是有没有好的设计，而是如何制造。

所以，开放专利反而对奥托有利。开放之后，内燃机市场的整体规模会几十倍、几百倍地扩大，这时奥托依然是最大的受益者。类似的策略我们在今天依然可以见到，比如，2014 年的时候，微软公司就公布了早期版本的微软磁盘操作系统（MS-DOS）的源代码，原因之一也是微软公司在计算机操作系统市场已经有很高的占有率了。这也就是为什么说，在汽车发明史上最重要的人是奥托了。

那么，现在装上内燃机的摩托车已经出现，接下来会怎么发展呢？

戴姆勒他们设计的摩托车功率很小，速度大约跟今天的电动自行车差不多。不过，第二年他们就制造了一辆四轮汽车，功率提高了约一倍。而且，他们制造的内燃机体积小，不仅可以用在汽车上，船上也适用，于是世界上第一艘摩托艇就诞生了。

世界上第一艘摩托艇的模型

而就在距离这两个人忙碌的地方约 90 千米远的地方，还有一个工程师也在制造自己的内燃机，他叫卡尔·本茨。为了操控稳定，他把内燃机安装在三轮车上，并且使用汽油作为燃料。

但是，戴姆勒马上就把本茨告上了法庭，因为本茨侵犯了他们的汽油发动机专利权。结果，本茨输了，赔了一大笔钱，他又不想从戴姆勒那里买发动机装到自己的汽车上，于是，在之后的很长一段时间里，本茨只使用煤气作为燃料。

说起来，汽油、煤油还有柴油，最开始人们是分不清的，因为它们都是石油提炼过程中的产物，在后来炼油工艺不断专业化之后，大家才知道它们之间是有区别的。

世界最大的炼油厂——印度的贾姆纳加尔联合炼油厂

具体来说，在加热石油的过程里，如果能让温度一直控制在 30~170 摄氏度，那么飘出来的气体冷凝后就是汽油；收集完汽油之后，我们继续加热石油剩下的部分，提高一下温度，控制在170～230摄氏度，那么得到的就是煤油；等煤油都收集完了，再把温度继续提高，控制在270～350摄氏度，那么得到的就是柴油。不同的油在气缸中燃烧的状况不太一样，比如，燃烧柴油不需要人为点火，只需要活塞给足压力，柴油气体和空气混合就能燃烧。

卡尔·本茨于1885年制造的第一辆汽车

戴姆勒和本茨的公司后来都发展得很好，但是一直是仇敌。直到1926年，由于经济危机，两家公司的新主人不得不握手言和，把公司合并起来。新公司叫戴姆勒－奔驰，在今天也是知名的德国汽车公司，它们旗下的豪华汽车品牌你一定听说过：梅赛德斯－奔驰汽车和梅赛德斯－迈巴赫汽车。没错，戴姆勒、迈巴赫和奔驰，它们都取自创始人的名字。

那么，当年奥托成立的公司怎么样了呢？他的发动机公司继续发展，至今仍在制造发动机。值得一提的是，他的儿子小奥托也成立了自己的公司。在第一次世界大战之前，小奥托的公司就开始制造飞机，还大发了一笔战争财。在第一次世界大战后期，小奥托重组了公司，成立了巴伐利亚发动机制造公司，缩写为BMW，也就是今天我们熟知的宝马汽车品牌。

我们熟悉的一些汽车品牌，其实100年前就已经发展起来了。奥迪汽车和福特汽车的创始人同样在19世纪八九十年代就深度参与了内燃机和汽车的研发。从某个角度来说，他们都可以算是汽车的发明人。

# 安全带——疯狂医生的安全证明

如今，一坐上汽车，司机都会提醒你要系好安全带。但如果你去看 30 多年前的电影、电视剧，别说乘客了，连司机都很少有系安全带的。一上车就要系安全带的这种意识，在中国是 1993 年之后才逐渐形成的，时间并不长。不过，安全带本身的历史还是挺长的，而且它最开始不是为汽车设计的。

这个故事要从一位有冒险精神的医生说起，他叫约翰·斯塔普，是美国空军的军医，主要任务是测试飞行员在战斗机里可以安全执行的任务。

当时美国正忙着研制高性能飞机，新式飞机可以飞到氧气极为稀薄的地方，所以飞行员要配备氧气瓶才行。那要如何供氧呢？一旦出了事故，飞行员在什么高度跳伞可以保证安全？这种事就是斯塔普需要研究的。斯塔普想要找到人体的极限在哪。他曾经多次不带额外装备就去乘坐改装过的 B-17 轰炸机，飞到氧气极其稀薄的地方，在那里记录身体脱水和缺氧的情况。可以说，他就是个疯狂的科学家。

从 1945 年起，斯塔普就开始关注一件事：飞机在失去控制后，以什么速度坠落于地面，飞行员生还的可能性最高。其实，在他之前已经有很多同行给出过结论：人体可以承受的最大加速度是 18$g$。$g$ 代表重力加速度，它表示的既不是速度快慢，也不是力量大小，而是速度变化的快慢。1$g$ 的意思是，时间每增加一秒，速度就会增加 36 千米 / 时。如果第一秒的速度是 10 千米 / 时，那第二秒就是 46 千米 / 时，第三秒就变成了 82 千米 / 时，越来越快。

B-17 轰炸机

这么说你可能还感受不到 1$g$ 的加

速度是多么恐怖的事情，可以想一下，如果一辆车能用 1*g* 的加速度起步的话，那它只要约 2.8 秒就能从静止状态加速到 100 千米 / 时。这个加速度今天的汽车基本都达不到，哪怕是速度特别快的跑车，想从静止加速到 100 千米 / 时，也很少有耗时短于 4 秒的。

不过，现在有的电动汽车在开启特定驾驶模式后，只用 2.9 秒就能加速到 100 千米 / 时，已经很接近 1*g* 的加速度了。有很多视频就展示了人们体验这种驾驶模式的推背感，几乎每个人都会吓得尖叫，比坐过山车还恐怖。别忘了，这种程度还不到 1*g*，而斯塔普得出的结论是飞行员的身体能承受 18*g* 的加速度，这实在是非常夸张了。

那人体可以承受 18*g* 的加速度这个结论又是从哪儿来的呢？其实，斯塔普还在念大学的时候，教科书上就已经这么写了。一个可靠的科学结论一般是这样形成的：最先是通过某位科学家的精确测量和计算得出来，然后他会把结论发表在声誉很好的学术期刊上，随后几年肯定会有很多其他科学家来重复他之前的操作，检验这个结论；如果大家的结果都一致，那就说明他的结论是可靠的，这个结论也就成了科学共识。等到这一结论被广泛认可之后，就会被写进教科书。

听起来，写进教科书的内容应该挺靠谱了吧？但是，这个关于人体能承受的最大加速度的数据，还跟飞机的设计参数有关。飞机的制造水平进步了，数据会不会就不一样呢？所以，虽然写进了教科书，斯塔普还是觉得有必要重新验证一下，那要怎么做呢？

拿人体做实验可不行，这要检验的问题已经涉及人体极限了，参加实验的人很可能会死。做医学实验有一个底线，就是不能以别人的生命为代价。另外，斯塔普要做的这种测试也没法儿用动物做实验，因为动物的骨骼、肌肉等跟人体的差异很大。斯塔普一下子没了办法。

穿着空军制服的约翰·斯塔普

于是，他就去翻找几年前第二次世界大战时飞行员的飞行记录。他翻遍了美国空军的飞行记录，发现好几次加速度超过 18*g* 的操作，而飞行员都好好的。也许是教科书出错了，人体能够承受的加速度极限应该大于 18*g*。

斯塔普开始了实验，他找到了一辆高速滑轨车，通过小火箭加速到几百千米的时速，再用反向的火箭刹车，在刹车时，加速度的值是最高的。这里的刹车是剧烈的减速，得到的数据是很有参考价值的，因为飞行员出事故时一般都是发生了撞击，而撞击就相当于在速度很高的时候突然减速。

最开始，斯塔普的实验用的是假人，也就是一个身高、体重、密度，甚至连骨骼、内脏结构都高度模拟人体的假人。斯塔普把它固定在座椅上，让它经历在高速运动状态下突然减速的过程，看这个过程中加速度到达 18$g$ 会不会让假人有明显的损伤。经过了大半年的测试，假人实验证实，18$g$ 的加速度很可能不会致命。那具体达到多少会致命，还是只能靠真人实验。斯塔普就准备自己上了。

约翰·斯塔普在美国爱德华兹空军基地乘坐高速滑轨车

斯塔普的领导最初不同意他冒险，后来态度松动了，说如果一定要测也行，但必须控制在 18$g$ 以下。斯塔普试过几次 10$g$ 的加速度，还试过 18$g$ 的加速度，但这些结果并不能让斯塔普满意。

在 1951 年的一次测试里，斯塔普背着其他人，偷偷地给轨道车加了几组火箭，参数设置好以后就坐了上去。实验助手没有发现参数被大幅调整了，大家以为还是常规测试，就正常开始了。

结果，这次刹车比之前都要猛烈得多，等大家在监控室看到仪表显示刚刚的加速度有 35$g$ 的时候，所有人都吓呆了。实验助手连同医护人员一起涌向斯塔普，大家心想这下完蛋了。结果没想到，固定在座椅上的斯塔普正向大家挥手打招呼。大家赶忙把他扶下来，问他感受如何，斯塔普说：“没事，就是感觉有点头晕。”就这样，斯塔普用自己的身体证明，加速度 18$g$ 真的不是人的生理极限。

但斯塔普还是不甘心，在 1954 年的时候，他又增设了几枚小火箭，于是这辆轨道车有了有史以来最强的动力。斯塔普穿上防护服之前，同事还递给他甜甜圈，让他补充点能量，他却拒绝了，理由是：胃里如果有食物会干扰死后的验尸工作。这虽然是个玩笑，但也说明了斯塔普内心清楚这一实验可能会带来生命危险。“嘭”的一声，火箭推着滑轨车冲了出去，在 5 秒钟内就把滑轨车加速到了 1 017 千米 / 时，然后在 1.4 秒内，滑轨车又完全停下。整个过程最高的加速度是 46.2$g$，比 18$g$ 的 2.5 倍还多。

这次是真的接近极限了，实验后斯塔普被医务组抬了下来。经过检查，他的视网膜因为剧烈减速血管破裂，眼珠呈现血红色，他还断了 3 根肋骨和几颗牙齿，但幸好没有致命伤，两个月后就痊愈了。之后，军方制止了斯塔普继续做更高强度的人体实验，幸好有军

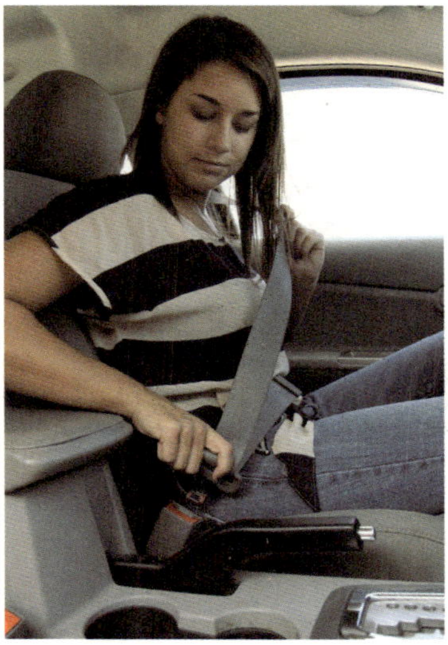
三点式安全带

方阻拦，否则他早晚会把自己的性命搭进去。

说了半天，这篇文章的主题不是安全带吗？安全带在哪儿呢？安全带就是把斯塔普固定在滑轨车上的那个装置。斯塔普用 3 年的时间，冒着生命危险想去证明的，不只是人类的极限在哪里，还有一件重要的事：如果事先做好固定，人类面对突然碰撞的时候，是完全可以存活下来的，甚至可以不受伤。

后来斯塔普虽然没有再做人体实验，但是，他根据之前几十次的数据给出了合理的固定方法，也就是合理的安全带设计。飞行员的安全带上应该增加一条 V 形固定带，腰部和大腿处都需要固定，这个设计就是斯塔普提出来的。降落伞的固定带设计方法，以及弹射座椅的研发，这些也都和斯塔普有着非常大的关系。

受到斯塔普的启发，1955 年，福特汽车公司第一次在自己的一款汽车上配备了安全带，那时的安全带只固定了腰部，对低速撞击的防护还不错，但在车速快的时候，司机的头部还是会在紧急刹车或被撞时撞到方向盘。到 1959 年，沃尔沃汽车配备了今天我们常见的那种汽车安全带，也就是三点式安全带，防护左肩和腰部。由于安全带的发明和应用，事故中的死亡率显著下降，可以说，这项发明挽救了数百万人的生命。

## 创意延展

### 后排乘客也要系安全带

很多人觉得司机和坐在副驾驶位置的人才需要系安全带，其实，后排乘客也一样需要系安全带，包括大巴车的每个乘客也应该系安全带。这是因为，一旦出现猛烈撞击，飞出去的后排乘客就会像一枚炮弹一样砸在前排座椅的后侧，挤压到前排系了安全带的人，不仅自己会受伤，还会给前排乘客带来生命危险。所以，大家都系上安全带，才能都安全。

# 铁路——调配运输系统，这事不简单

说到铁路，你一定会想到火车，铁路和火车好像是分不开的一对，那它俩是不是一起被发明出来的呢？其实不是。铁路比火车出现得要早。还没有火车的时候，就出现了铁路，那这铁路是用来做什么的呢？

## 最早的铁路是木头轨道

让我们回到 200 多年前。18 世纪 60 年代，当时英国的采矿业非常发达，煤、铁矿石需要从矿坑里挖出来往外运。怎么往外运呢？一开始是用绳索往外拉，或者用小推车送出去。矿道狭窄，如果用小推车运，每次进出的时候车轮都会沿着同样的轨迹移动，久而久之就轧出了两道车辙，也就是路面上的车轮印。

矿主为了让人推得更省力，最初在车辙上垫上木条，让车轮沿着木条走。但是木条比较窄，车轮很容易走偏，所以，他们就把车轮做成了蘑菇形的。

这样设计之后，车轮就卡在木条上，可以始终沿着木条走。不过，要想这种结构的车轮一直在轨道上走，轨道宽度需要保持一致。为了让两侧的轨道宽度一致，可以在轨道内每隔几米就固定一条横杠，这样一来，轨道的宽度就被固定了。最早的木轨道就这么形成了。

蘑菇形车轮

不过，还有一个问题，就是货物

太重了。一车煤或者一车铁矿石重达四五百千克，轧在木轨道上，用不了多久木轨道就坏了，需要经常换木头。人们就给那些最容易坏掉的木头包上了一层铁皮，这样木头就坚固多了。

恰好，当时的英国铁价下降，用铁皮包轨道没那么贵了，于是，有的矿主干脆把所有的木轨道都包上了一层铁皮。包上了铁皮的轨道比从前的光滑得多，用小推车推着走更方便了，的确是个好的设计。后来铁价继续下降，有的矿主甚至用铁轨直接代替了木轨。这是 18 世纪 70 年代的事情，这时最早的铁路已经在矿场里出现了。

## “铁路之父”

大概 50 年后，世界上第一条正式运营的铁路出现了，地点也是在英国。主持建造这条铁路的是乔治 · 斯蒂芬森，他被人称为“铁路之父”。斯蒂芬森出生于穷苦人家，父亲是矿工，斯蒂芬森从 14 岁就开始跟着父亲到矿山上干活，负责给蒸汽机添煤。整天守着蒸汽机的他开始动心思研究蒸汽机的结构，越钻研越深。

但是斯蒂芬森没上过学，也不识字，为了了解机械，他上了一所夜校，白天干活，晚上学习认字。通过自学各种机械类知识，5 年后，他成了矿上一名不错的机械师。这之后，他还定了一个目标：改进蒸汽机。

这时候的蒸汽机已经是瓦特改进过的实用款式。不过，它能派上用场的地方还不多，就比如运煤车当时通常得靠人或者马拉动，如果用蒸汽机拉车，那只能是像钓鱼或者打水那么用。蒸汽机上挂着一条绳索，用绳索拴住一辆车，下矿井的时候放开绳索，绳索变长，车就下井了，等工人往车里装满煤之后，再用蒸汽机拉绳索，把运煤车拉回来。

如果能把蒸汽机装到运煤车上，让车直接把煤运到装卸点，那不是更好吗？

斯蒂芬森想要做的就是这样的改进，他抛弃了原本的设计，把蒸汽机装到车上，让车能够沿着轨道自由前进、后退。他做的第一辆车就能投入工作，非常了不起，只是效率不高。

之后，斯蒂芬森不断改进他的蒸汽机车，并和合伙人一起成立了铁路机车制造公司，不断刷新蒸汽机车（也就是火车）的速度纪录。1830 年，在一次试验的时候，斯蒂芬森的火车速度提升到了 57.6 千米 / 时，这比今天一部分公路允许的最高车速还要高。

不过，这次提速的背后有个悲剧。当时火车开那么快，是为了救人。那个人之所以需要抢救，是因为他来参观火车通车典礼以表达对铁路建设的支持时发生了意外，被火车轧断了腿。斯蒂芬森为了救人，就拼命让火车加速往医院赶。但是很不幸，当天晚上，伤者还是因为失血过多去世了。这是铁路史上第一次有人因为事故而丧生。

## 铁路的宽度是怎么确定的

虽然发生了悲剧，但斯蒂芬森的贡献还是不容忽视的，所以后人称他为“铁路之父”。直到今天，铁轨的宽度还是按照斯蒂芬森当年制定的标准——1.435 米设计的。说到这儿你可能会觉得奇怪：为什么铁轨的宽度是 1.435 米呢？不是 1 米，不是 1.5 米，也不是 2 米，搞这么一个有零有整的数字，也太奇怪了吧？

你还记得铁路最开始是为什么修建的吗？没错，是为了从矿坑里往外运煤或矿石。所以，最初的铁轨宽度实际上是由矿道的宽度决定的。矿坑通常比较深，坑道挖得越宽，成本就会越高。所以从一开始，火车轨道就不会特别宽。

最开始，各个矿中的矿道宽度是不统一的，所以轨道的宽度也不一样。但是，有些矿区连成了片，若干个矿坑的轨道连接了起来。这时候，大家就需要统一轨道的宽度了，这样运煤车才能在整个矿区通行。在 18 世纪 70 年代，哪里的煤矿运输轨道连成了一大片，哪个地方就更有影响力。所以，矿坑里轨道的宽度就逐渐固定了下来。

而在火车被发明出来后，新车一开始都要在以前运煤的轨道上试车，所以，火车的轮距当然也要符合煤矿里轨道的宽度，于是，火车的轮距也沿用了这个宽度。斯蒂芬森成立的公司在沿用这一轮距方面推进得最有成效，所以，后来英国的大部分铁路就都以斯蒂芬森制定的 1.435 米轨距为标准了。也就是说，火车车轮的间距，实际上是在矿道宽度的基础上发展而来的。

1.435 米这个尺寸在今后的铁路交通发展中一直都适用。要知道，铁路轨道宽了、窄了都有坏处。铁轨如果太宽，会占用更多土地，今天的地价那么贵，占用土地面积越大，铁轨的建造成本就越高；而如果太窄，车速就会受限制，车辆也没法儿运载太重的东西。

当然，斯蒂芬森当年是没有机会意识到这些问题的，他不知道今后的土地成本会有多高，也不知道火车几十年后能跑多快、能装多少东西，所以，1.435 米这个标准能够一直用到今天，可能也有一定的偶然因素。

# 修铁路，谁掏钱

在 1845 年的英国，火车时速达到了 70 千米，已经开始载客。在这之后的一段时间内，世界上的铁路建造主要分成了两种模式：一种是私人建设，另一种是政府投资。美国的铁路基本靠私人建设，许多富豪参与了投资。富豪们的生意夹带着贿赂和欺诈，在占据市场的过程中引得民众怨声载道。这种由私人建设的模式也叫美国式的。建设铁路这类基础设施的投资规模巨大，谁控制了它就相当于控制了一种税收。至于美国之外的大部分国家，铁路建设主要靠国家投资。

创意延展

## 火车坐过站怎么办

最后，分享一个生活小窍门：假如你坐火车不小心坐过站了，千万不要急着在下一站就下车。直接下车的话，你得自己掏钱买返程车票。而根据《铁路旅客运输规程》，像你这种情况属于“误乘”，是可以争取到免费乘车的。

所以，坐过站的时候不要着急，可以先去找列车长，让他帮你填一张“客运记录”，列车长会把信息发送给前方停车站，然后给你“客运记录”，这样你再下车，拿着列车长给你开的凭据，你就能免费乘车到你原本的目的地了。

# 医学卫生篇

## 不可思议的奇遇与冒险

# 听诊器——医生听到的，除了心跳，还有什么

前几年有一则新闻，说一位网友在听一位主播的心跳直播时（当时这类直播非常火爆，有让网友听心跳声、呼吸声、低声说话声的，可以起到助眠作用），听出了不对劲，他赶紧给主播留言说：你的左侧心脏血流可能有异常，得赶紧去医院检查。后来，主播去了医院，真的检查出了问题，医生给的专业说法叫“左束支传导阻滞”。

从这个故事我们就可以体会到，听心跳声能获得一些关于心脏健康方面的信息。不用开刀，不用插管，不用拍片子，只要听一听就能判断是否有异常情况，可以说是一种非常便捷的检查方法了。

怎样才能清楚地听到心跳声呢？我们平时是听不见心脏跳动的声音的，那些直播心跳声的主播都是怎么把心跳声播放出来的呢？

这就要说到一项重要的发明：听诊器。没错，就是医生给我们做检查用的听诊器。直播的时候，只要把医生塞进耳朵的听音部分套到麦克风上就可以了。那么，听诊器是怎么出现的呢？

## 听诊法的历史

听诊法的历史最早要追溯到距今 2 400 多年前的古希腊时期。古希腊医生希波克拉底记录过非常多的医学知识，后人称他为“医学之父”。他的著作里就记载过一种“直接听诊法”，用来检查患者心脏、肺部的声音。直接听诊法就是把耳朵直接贴到患者的胸膛处来听诊的方法。很多医生都记录下了正常的心脏听上去应该是什么样的声音，以及每种疾病都对应了怎样异常的声音。在之后的 2 000 多年里，直接听诊法都被广泛使用。

但是，这种方法有两个问题。第一个问题是这种检查方法在一些情况下显得不太合适。

因此，医生有时候会将耳朵贴在患者的后背上听诊。不用面对面，患者的尴尬就会稍微缓解一些。第二个问题是如果碰上不讲卫生的患者，有些医生可能不太愿意听诊。在一些情况下，医生有可能被传染上疾病。

终于，时间来到了 1816 年，法国医生雷奈克发明了听诊器。

## 听诊器的发明

雷奈克小的时候，爆发了法国大革命，后来，他曾跟着拿破仑的贴身医生学习。毕业后，他又被介绍给拿破仑的叔叔做私人医生。后来拿破仑倒台、被流放，雷奈克就一直被打压，直到 35 岁，他才终于进入公立医院任职，当时是 1816 年。

这一天，来了一位面容憔悴的姑娘，她双手捂着胸口，看来病得不轻。雷奈克凭经验判断她可能是心脏有问题，得听一下心跳声才能确定。可是，他把耳朵贴在患者后背上时，根本听不清心跳声，更听不出有什么问题。

听诊器的发明者——法国医生雷奈克

怎么办呢？一筹莫展的雷奈克突然想起了一个游戏。他在广场上散步的时候，经常看到孩子们这么玩：广场上堆着一些施工用的木料，一个孩子会站在木料的一端敲打木料，另一端的孩子就能清楚地听到声音。孩子们约定了敲击的暗号，就能隔空传话，玩得非常开心。

想到这个游戏，雷奈克就想：既然声音可以通过某种东西传递，那这位患者的心跳声大概也能用这种办法传出来。于是，他拿出一叠纸卷成纸筒，把纸筒的一端抵在姑娘的胸前，把另一端抵在自己的耳朵上，心跳声突然就清晰了起来。

有了这次看病的经验，雷奈克开始尝试制作听诊器。他试了很多材料，金属的、木头的，等等，最终他做出了第一版听诊器。这款听诊器长约 30 厘米，由三个部分组成，其中两个部分是两个中空的木制听筒，还有一个部分是个木塞子。听诊的时候，雷奈克把两截木制听筒接到一起，再把木塞子装上，用木塞子抵住患者的胸部就可以了。雷奈克专门写

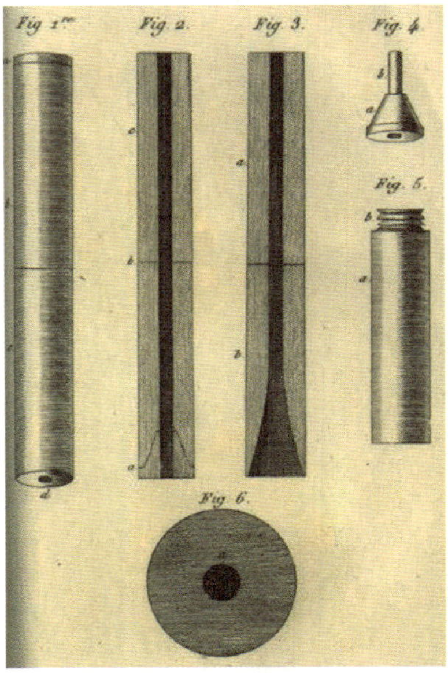


雷奈克的第一版听诊器设计图

了一本书来介绍自己使用听诊器的经验，这本书和第一版听诊器一起，使临床诊断学往前迈了一大步。

在雷奈克发明听诊器之后没几年，他自己的身体也变得很虚弱。他就让妻子帮忙用听诊器来听听他的胸部，然后把听到的声音尽量详细地描述给自己听。听完妻子的描述，雷奈克情绪非常低落，因为从声音来判断，他的肺部很可能已经无药可救了。不久之后，雷奈克就因为肺结核去世了。

其实不止雷奈克，雷奈克的母亲和叔叔都是因为肺结核去世的。在听诊器刚刚被发明出来的年代，借助听诊器，医生可以大致判断肺结核的严重程度，但还没有办法治疗肺结核。直到 130 年之后，医生才找到了肺结核的治疗方法，这就和我们后面要说到的青霉素有关了。

## 听诊器的发展

说回雷奈克的故事。这里面有个细节，就是当雷奈克猜测自己病情很严重的时候，他得拜托他的妻子帮忙听诊，没办法自己听自己胸腔里的声音。如今，医生是能给自己听诊的，但是最早的听诊器还做不到这点，雷奈克发明的听诊器是个不能弯折的东西。

后来听诊器经过了好几次改进，不过那都是在雷奈克去世之后的事情了。

1843 年，听诊器用上了软管，这在当时还算是高科技。

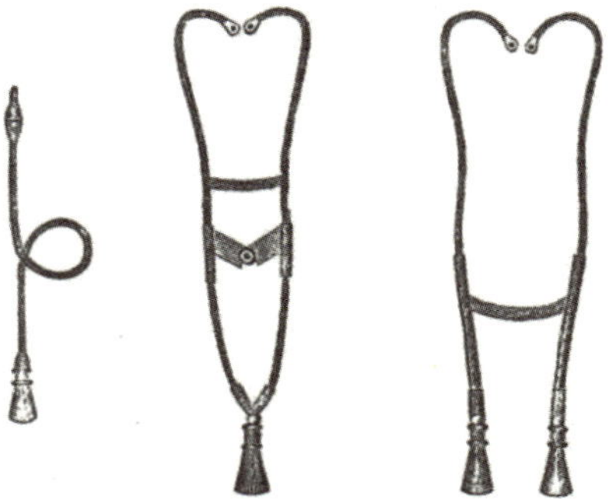

早期的3种听诊器

到了 1851 年，听诊器和胸部接触的部分增加了一个柔性膜。膜后面有一个空腔，就像是用一个小气球蒙在小药盒上一样，这样一来，胸部的振动就可以通过这个“小气球”放大，医生听到的声音就变得清晰多了。这时候，听诊器就差不多是我们今天熟悉的模样了。

看到这里，你可能还有一个疑惑：在开头的那个故事里，为什么网友能听出心跳声是异常的呢？

这是因为那位网友是个医学生，他在上学期间上了听诊课。课上会放大量由仪器录下来的声音，医学生们就会反复听这些声音，学习什么样的声音是正常的、什么样的声音代表有心脏问题、什么样的声音代表有肺部问题，等等。这就像上音乐课时学习听音准一样，需要反复听、反复练。

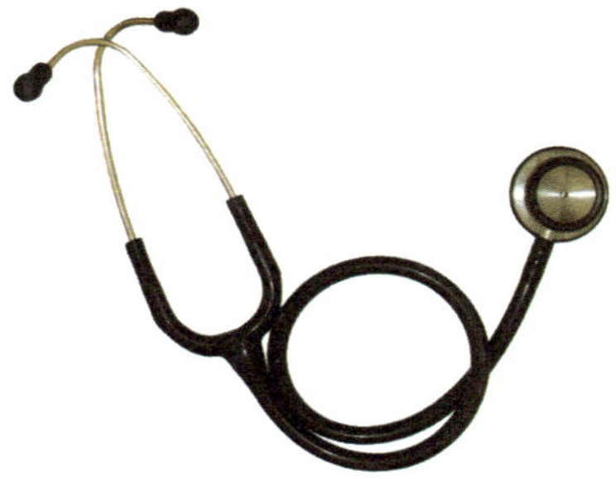

现代听诊器

其实听诊器不只能用来听心、肺的健康状况，还可以用来听腹部的问题，比如肠道阻塞的时候，医生可以听到音调很高的肠鸣声。血管的局部情况也可以用听诊器做初步判断，因为如果血管快堵塞了，血液流到狭窄处的时候压力增加，声音就会改变。

虽然今天我们已经有了更先进的诊断技术，比如 X 射线成像、CT、磁共振成像等，但是用起来都没有听诊器方便。所以，虽然听诊器是 200 多年前的发明，但直到今天，它依然是每个医生的标配。

创意延展

## 听诊器效应

教你一个小知识，叫作听诊器效应。不知道你有没有这样的经验，就是戴着有线耳机的时候，一走动，就会听到“嘣嘣嘣”之类的声音，这个声音还会随着动作幅度的变化而变化。这就是听诊器效应，其实是你在行走的时候摆动手臂，耳机线跟着晃动，发生了摩擦或者碰撞。这时候，你的耳机线就仿佛变成了听诊器，这些细微的声音经过耳机线传导到耳道里，就成了噪声。

想减弱耳机的听诊器效应很简单。你可以找一个耳机线夹子，把两根线夹在离你耳朵比较近的位置，比如领子上。这样一来，耳机线几乎不会有晃动，那么耳机的听诊器效应也就减弱了。不用夹子也没问题，可以在戴耳机的时候，把耳机线从后背绕上来，把它从领口拉出来，再戴在耳朵上，这样耳机线就不会总在身体前面晃来晃去，碰撞也就少了。

# 青霉素——神奇药物出现了

很多课外阅读题或者作文选里都会讲到这么一个故事。

1928 年，一位叫弗莱明的医生在度假前一天忘了关窗户，也没有给他的培养皿盖盖子，培养皿里养着他要研究的葡萄球菌。等他度完假回来，发现培养皿里长出了“绿毛”（即青霉菌）。按正常人的做法，培养皿都长毛了，当然应该赶紧清洗，但是弗莱明没有这么做，相反，他很认真地观察了长毛的培养皿。他注意到，凡是长了“绿毛”的地方，周围就不长其他细菌，葡萄球菌好像都死掉了一样。之后，经过仔细的研究，弗莱明发现“绿毛”可以清除细菌，于是就发明出了青霉素。

## 弗莱明的记忆被美化过

其实，弗莱明后来多次接受采访的时候，对自己的研究过程做了过度简化和美化。真实的情形要比这个故事里提到的复杂得多。

后来，有很多学者都质疑过弗莱明的这个故事，因为，他的实验室窗户是没法儿打开的，而且，弗莱明当时养出来的青霉菌，在伦敦是比较罕见的种类，不太可能在伦敦的空气里到处飘，然后意外地飘到了弗莱明实验室的培养皿里。

此外，科学研究是讲究可重复性的。你有一个发现，它应该能通过重复实验被验证，这才说明它不是意外。可是，其他科学家想按照弗莱明的方法培养青霉菌，却都失败了，没有人能够重复这一实验。这就说明弗莱明的实验环节其实是有问题的，他可能忽略了什么重要因素。

那真相到底是什么呢？我们不能只听弗莱明的说法，还需要听听其他人是怎么说的。从弗莱明助手的叙述来看，弗莱明做实验是以马虎著称的，像这种度假前忘了给培养皿盖上盖子的事属于常犯的错误。那么除了忘盖盖子，弗莱明会不会还犯了别的错误呢？还真有，他弄错了温度。

实验室里的弗莱明

弗莱明的助手查阅了当时伦敦的温度记录，发现在弗莱明 8 月刚去度假的时候，伦敦出现了连续 9 天的阴雨天气，白天最高气温只有 20 摄氏度出头，这个温度是适宜青霉菌生长的。

弗莱明以为自己是在 35 摄氏度下培养葡萄球菌的，所以在发表的论文里给大家提供的方法是在高温环境下培养。其实青霉菌是怕热的，在高温环境下，青霉菌的生长和代谢会受影响，所以其他科学家才无法重复弗莱明的实验结果，无法培养出分泌青霉素的“绿毛”。

## 巧合与意外

所以，弗莱明这个故事的真实版本，可能是这样的：弗莱明粗心大意，放假前的实验做得匆匆忙忙，来源不明的青霉菌飘到了他养葡萄球菌的培养皿里，用专业术语来说，就是发生了污染。

然后，他忘了盖盖子，把培养皿放到了室温环境下，青霉菌就意外地因为伦敦连续 9 天的低温，大量繁殖了出来。虽然后来温度上升了，但是青霉菌分泌出的青霉素，已经足以杀死周围的葡萄球菌了。最终，当弗莱明回到实验室的时候，就发现自己的培养皿长满了青霉菌。

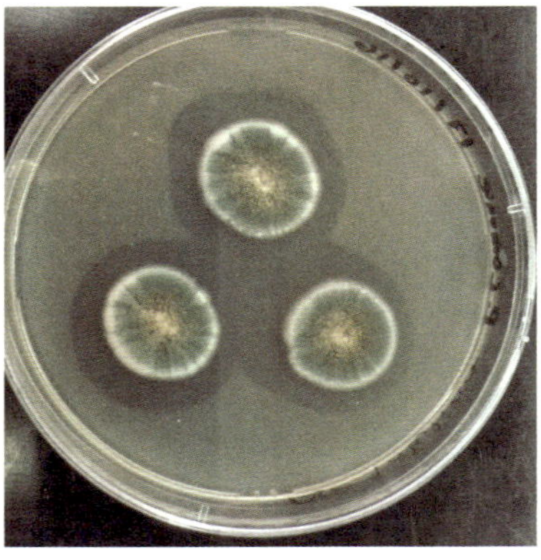
长了青霉菌的培养皿

虽然弗莱明是意外培养出了青霉菌，不过接下来他细心细致总该是真事了吧？其实这一说法也是站不住脚的。别人都说是因为弗莱明没有随意丢弃被污染的培养皿，仔细查看了上面的情况，才发现了青霉菌，然而这也不是实情。

弗莱明度假归来之后发生的事，其实也是充满了巧合和意外。他回到实验室之后，并没有发现什么值得注意的现象，就准备把那些被污染的培养皿都洗干净。他把一摞培养皿都放进了清洗池，往水里倒上了消毒液。就在这时候，他的前助手来找他。

弗莱明跟自己的前助手说着说着，就提到了自己去度假之前忘了给培养皿盖盖子的糗事。他顺手从那一摞放进池子的培养皿里拿出来了一个，拿的当然是最上面、最好拿的一个。恰好，那个培养皿还没被泡进消毒液里。

弗莱明拿出这个培养皿，只是当作聊天的道具展示一下，但就是这一下，让他终于注意到“绿毛”的周围没有长出葡萄球菌。

## 幸运和才能

你瞧，这里面有多少个巧合。我们可以假设一下，如果弗莱明没有去度假，如果培养皿没有被污染，如果天气没有异常，如果他要洗培养皿的时候没有被打断，如果那个培养皿没有被放在最上面，所有这些环节只要有一个跟真实发生的不一样，那弗莱明就不会成为青霉素的发明人了。

我也希望能告诉你科学家是如何严谨细致，不放过任何一个细节的。但是很可惜，这在真实的弗莱明身上并没有体现出来。不过，弗莱明也有很多别的优点，让他最终没有错失发现青霉素的机会。

实际上，再往前约 60 年，弗莱明的前辈、跟他在同一家医院工作的博登·桑德斯就已经记录过类似的现象了。1871 年，另外一个英国外科医生李斯特也做过实验，发现某种细菌没法儿在被青霉菌污染过的尿液里繁殖。几年后，英国物理学家丁达尔向皇家学会提交过报告，称青霉菌会杀死细菌。后来，在 1877 年、1897 年、1920 年，都有关于青霉菌的重大研究出现。

但是，这些科学家的研究成果要么没有发表，要么发表之后没有引起重视，总之，这些发现都没有被大家所知晓。弗莱明的发现被广泛报道，于是，最终青霉素的发明就被公众归功到了弗莱明身上。

其实，弗莱明虽然发现了“青霉菌产生的物质可以杀灭细菌”，但这离青霉素这种药物的出现还远得很。

真正把青霉素制造出来的是牛津大学的一个团队。这个团队首先把青霉素和青霉菌完全分离开来，而且，他们用毒性较低的青霉素水溶液，给动物做了安全性实验。为什么要做这个实验呢？因为青霉素可以杀死周围的细菌，但能不能把它注射到人体内还是个未知数，万一它把人的细胞也一并杀死了，那可不行。所以就需要做动物实验来确定安全性。

青霉素的分子结构模型。1945年，多萝西·霍奇金在牛津大学使用X射线晶体学技术确定了青霉素的正确化学结构

之后，牛津大学的研究者们还不断尝试增加青霉素的产量，为了找到高产的青霉菌，他们与美国科学家合作。研究者把水果摊都翻遍了。说到这里，你可能也见过青霉菌，家里买的橘子、苹果、西瓜、葡萄有时候放太久会长“绿毛”，这里面就有青霉菌。

研究者在坏了的水果上寻找不同种类的青霉菌，最后从一个哈密瓜上提取到了一种能产生很多青霉素的青霉菌。后来，这个团队又协调了几家大制药公司，让大家一起参与研发，在 1 000 多名研发人员的通力合作下，青霉素的产量一次次地翻倍。到了 1945 年，青霉素已经被用到了战场上，这时，一针青霉素的浓度已经是弗莱明培养皿里的几百万倍了。

到这里，对青霉素的研究还没有结束。在很长一段时间里，青霉素都是靠那个哈密瓜上的青霉菌的后代来提供的。通过提取青霉菌里的有效成分来制药，效率太低了。在 1957 年的时候，美国麻省理工学院的科学家有了重大突破，他们找到了化学方法来合成青霉素。这样一来，青霉素的产量大大提高，曾经昂贵的药物变成了一种普通人能用得起的药品。

后来，科学家又发明了其他类似青霉素的抗生素类药物，曾经难以治愈的肺结核、伤寒等疾病都可以被治愈了。可以说，包括青霉素在内的各种抗生素，大大延长了人类的寿命。

## 抗生素的滥用危机

注意，不要随意使用抗生素。抗生素应该怎么用呢？你就记住一句话：只有得到医生同意，才能使用抗生素。

今天，大家都用得起抗生素了，结果导致滥用抗生素，这就导致了一个更大的危机：细菌的耐药性变强了。从抗生素出现到今天的几十年里，很多细菌已经发生了变异，产生了耐药性，就比如原来能被青霉素杀死的细菌，现在可能没那么容易被青霉素破坏了。而且，那些耐药性强的细菌能够把自己的特性传给后代。所以，如果没有得到医生同意，不要随意使用抗生素，否则会加速细菌耐药性的产生。

# 麻醉剂——疼痛消失了

你有没有受伤流血的经历？受伤的时候是不是感觉伤口很疼？平时有个小伤口都这么疼，手术室里的病人伤口那么大，那不得疼晕过去了。

在过去，医生不能轻易做外科手术，即使到了约 190 年前，止血、缝合的技术都初步成熟了，医生还是不能轻易做外科手术，原因就是做手术时病人太疼了。

除非疾病本身造成的疼痛比做手术还要疼，或者病人不做手术的话会有生命危险，医生才迫不得已选择做手术。

## 危险的外科手术

那时候，手术标准跟今天的也不一样，最重要的指标可能是“快”。能在 10 秒内解决的切除术就最好控制在 10 秒以内，千万别拖延。

当时英国有一位著名的外科医生，叫李斯顿，人称“飞刀李斯顿”，他曾用 28 秒锯断了病人一条腿。今天的手术为什么不追求快了呢？因为要仔细。一味追求快是很危险的，“飞刀李斯顿”就因为太快出过手术事故，一刀把助理医生的手指头也切了下来。

英国传奇外科医生李斯顿

一般来说，除了主刀医生，手术室里还要安排几个壮汉，干什么呢？手术过程中病人太疼了，所以，要安排几个人把病人的四肢和头部按住，以免病人挣扎得太厉害而使医生切错了位置。有时候，医生在手术前会给病人灌一大杯烈酒，让病人醉倒，或者把病人打晕。但是这维持不

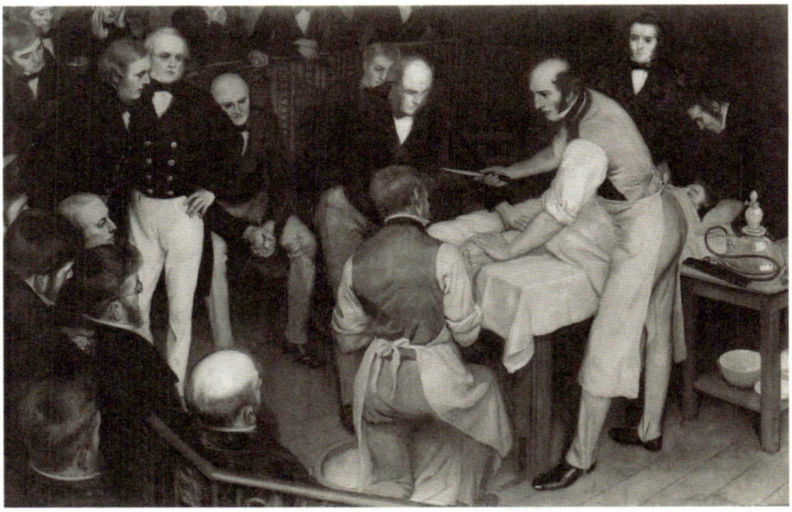

李斯顿做手术的场景

了多久，手术过程中病人肯定会疼醒，这时候就只能靠壮汉了。

这种情况对于医生来说，是一个非常大的风险。所以，医生也一直在想办法，怎么让病人在手术的过程中别那么疼。这就得提到“麻醉”这回事了。

## 日本医生的尝试

其实，在 19 世纪初，日本人华冈青洲已经开始使用麻醉剂做手术。这种麻醉剂和中国的“麻沸散”有一些关联。为什么这么说呢？中国古代医书里提到过麻沸散，它是中国最早的麻醉剂。华冈青洲就参考了中国古代医书上的记载，再结合自己的经验，找来了一些可能有麻醉效果的草药，最后制成了一种麻醉剂，叫“通仙散”。

“通仙散”被发明出来之前，他钻研了十几年。他的家人也帮助他一起做人体实验，结果非常悲惨：他的母亲被毒死了，他的妻子双眼失明了。

1804 年，日本第一次有记录的麻醉手术完成了，华冈青洲给一位乳腺癌病人做了癌变组织切除手术，是在病人全身麻醉的状态下做的。这很了不起，听起来很像现代的外科手术了。

后来，华冈青洲又利用麻醉剂做过很多次手术，也培养了不少外科手术人才。不过，他的麻醉剂中各种成分的比例没有详细记录。

## 现代麻醉剂的发明

18 世纪末，化学家一制备出新的化学物质，就要凑上去闻闻味道，然后做记录。这种直接凑上去闻味道的做法，在现代化学研究里可不提倡，万一吸了一口毒气怎么办？但是当时的人缺乏这种安全意识，英国就有医生和化学家认为吸入化学气体能够治疗某些疾病，他们还为此开了一家气疗研究室。

当时有个年轻的化学家，叫戴维，后来他还成了法拉第的老师。不过，那时戴维还年轻，在气疗研究室也只是个小角色。有一天，主管来找他，不小心碰翻了一瓶气体，瓶子掉在地上摔碎了。戴维和主管都赶紧去捡碎玻璃，主管的手还被玻璃划伤了。

等两个人再站起来的时候，他们发现空气里有一股甜味。这股甜味是从哪儿来的呢？两个人你看我，我看你，突然笑了起来，而且止不住笑，笑得肚子疼还停不下来。他们跌跌撞撞地跑到实验室外面，这才慢慢平静了下来。

其实当时什么好笑的事都没有，他们为什么会笑呢？就是因为他们吸入了一种气体，也就是原本在瓶子里的一氧化二氮。后来人们把这种气体叫"笑气"，就是因为它会使人发笑。

"笑气"不光让人发笑，主管还发现，自己被玻璃划伤的手指头一点都不疼。难道这也是"笑气"的作用？之后，戴维就开始研究"笑气"了。当时他牙疼，每次一疼就打开一瓶"笑气"，猛吸一口，然后一个人在实验室里狂笑半天，其他同事都被他笑得毛骨悚然。一开始，牙疼总是有所缓解。

"笑气"被用于医疗领域是几十年之后的事情了。在 1820 年左右，"笑气"传到了美国，后来被一些牙科诊所用起来了。只要让病人吸了"笑气"，再拔牙就不疼了。那是不是"笑气"就顺理成章地用到了各种手术里呢？也不是，因为"笑气"的麻醉效果持续时间短，镇痛效果相对较弱，所以通常不用于大型或复杂的外科手术。

## 新麻醉剂：乙醚

不过，随着化学的发展，新的麻醉剂出现了。美国波士顿麻省总医院的医生莫顿发现了一种新的麻醉物质，叫作乙醚。莫顿没有贸然在人身上做实验，他先让狗吸入乙醚，等狗昏迷之后，再把它抱到一个通风的地方，等狗自己醒过来，然后他就会观察狗的行为，看它正不正常，有没有受伤。经过很多次实验，他发现，只要控制好剂量，狗清醒之后就会恢复正常。

经过安全性试验，莫顿在1846年9月正式用乙醚给病人做了拔牙手术，吸入乙醚的病人马上进入深度昏迷。10月，莫顿为一名接受肿瘤手术的病人施用乙醚，然后，另一个医生取下了病人脖子上的两颗肿瘤。

之后，整个医院的医生都在等待病人苏醒，想看看乙醚的效果怎么样。病人醒来之后，说手术中没有什么感觉。听病人这么一说，整个医院的人都欢呼了起来，切掉两颗肿瘤，病人竟然不觉得疼，没有痛苦的手术方法终于诞生了！

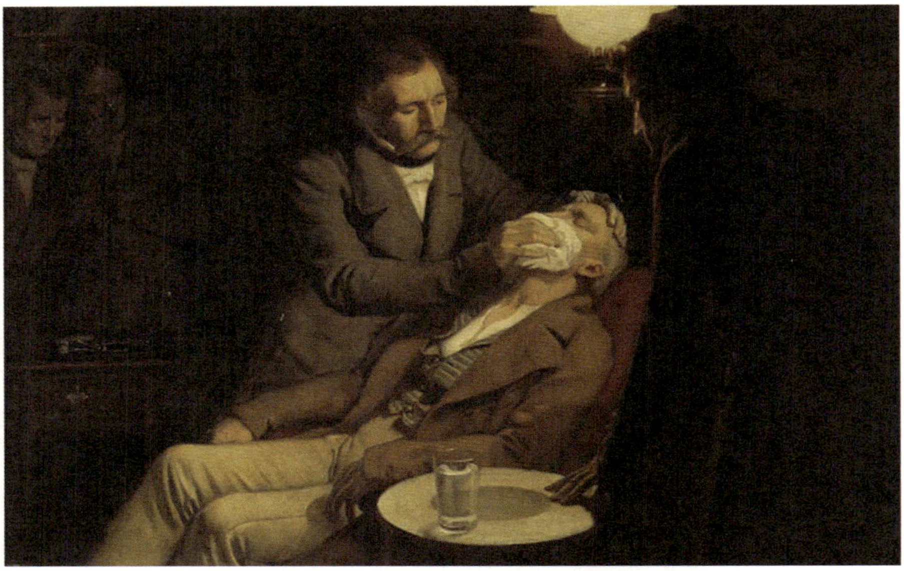

1846年，莫顿首次把乙醚用作麻醉剂

在这次手术之前，莫顿还经历了一次危险。因为他知道麻醉剂的价值，不想让其他人抢了他的研究成果，所以就在家里偷偷做实验。有一次，两条狗打架，把一整瓶乙醚给碰翻了。乙醚的挥发性特别强，在空气中易燃易爆，很危险，所以莫顿就赶紧拿布去擦。但是，莫顿在擦拭的过程中吸入了大量乙醚，昏倒了。

莫顿的母亲等他来吃饭，怎么喊都没人应，结果到房间一看，莫顿躺在满是玻璃碴的地上，已经失去了知觉。幸亏通风及时，不然，没等莫顿发明乙醚麻醉剂，他就已经去世了。

现在，在莫顿的墓碑上刻着这样几行字："吸入性麻醉方法的发明者和揭秘者。在他之前，手术是痛苦的；自他以后，科学控制了疼痛。”这是一个非常高的评价。

其实，在发明麻醉剂的过程中，做出突出贡献的人不只有医生莫顿，还有其他人。是这些医生和化学家的共同努力为病人免除了剧烈的痛苦。今天，医生使用的麻醉剂已经不是乙醚了，新的麻醉剂有更多的优点，例如更安全、麻醉效果更好和时间更可控。

## 创意延展

### 不容小觑的智齿

大多数人接触到的第一个痛苦的手术可能是拔智齿。智齿一共有 4 颗，通常在 16 岁以后才会长出来。因为人类在演化的过程中口腔空间变小了，嘴巴里其实已经没有足够的空间来让这 4 颗牙生长，所以智齿很容易长歪。长歪之后，智齿和旁边的牙之间容易有缝隙，从而引发炎症，严重的时候甚至会导致智齿和旁边的那颗牙都坏掉。

对此，你可以做两件事。第一件事是预防。在长智齿的时候，你可能会忍不住用舌头舔它，记住尽量不要这么做。第二件事是治疗。未来如果你的智齿疼——这事可能会发生在 20 岁左右，如果牙医建议把智齿拔掉，那么你不要拒绝，而且现在已经有麻醉剂了，拔牙不会特别疼。如果智齿长歪了，那么拔掉才是最好的选择。

# 退烧药——古人发烧怎么办

今天我们发烧时可以吃退烧药，比如西药领域中最早应用的退烧药之一——阿司匹林。那么，古人发烧了怎么办呢？

2017 年，在世界顶级科学期刊《自然》上，科学家刊登了一篇文章，说考古学家发掘出了一具尼安德特人的骨骼，这具骨骼里面有奇怪的地方。尼安德特人是现代人类的近亲，已经灭绝了。考古学家发现了什么呢？就是这个尼安德特人的牙齿有问题，他应该患有比较严重的牙周病。

为了弄清楚这一点，考古学家就把附着在他牙齿表面的牙结石刮了下来，分析里面有什么。牙结石就是会附着在牙齿表面的、类似石头的东西，是嘴巴里的细菌和食物残渣混合形成的。牙结石多了可能会导致牙周炎，现在牙医建议我们每年最好洗一次牙，就是为了洗掉牙结石。那么，这个尼安德特人的牙结石里到底有什么呢？答案是水杨酸。

水杨酸存在于多种植物中，例如杨树、柳树。研究人员已经确定尼安德特人会嚼某种杨树的树皮。但是，杨树皮嚼起来很苦，为什么要嚼它呢？那是因为这种树皮能缓解疼痛。其实，水杨酸还有其他作用，比如缓解发热症状。

我们完全可以想象一下：在远古时代，人们还都穿着兽皮衣，这一天，有个人突然头疼脑热，他就找了一棵杨树，剥开树皮撕下来嚼，把一大片树皮嚼完了。然后，他觉得头不疼了，也不发热了，轻松了很多。在尼安德特人牙齿上找到的这个证据，说明的可能就是这样的场景。

此外，我们的祖先很早就意识到，嚼柳树皮能帮助缓解发热的症状，但他们不知道为什么嚼柳树皮能退烧。其实，就是水杨酸在起作用。但嚼柳树皮也不是什么时候都有用，因为柳树皮里的水杨酸含量是会变化的。

## 进一步提纯和研究

怎么办呢？在 19 世纪化学快速发展起来之后，办法就有了，那就是找到并且提纯水杨酸。这样一来就可以大大提升疗效，而且更安全，不会吃进去一些乱七八糟的东西。

1828 年，法国药剂师和意大利化学家就提取出了柳树皮中的有效成分。10 年后，意大利化学家提取出了水杨酸。后来，其他化学家陆续发现：很多植物都含有水杨酸，它对植物来说很重要，一方面是参与光合作用，另一方面是帮助植物抵御入侵的病原体。从很多植物里都能提取出水杨酸，这是好事。

提纯的水杨酸晶体

可是，在欧洲化学家提纯了水杨酸之后，大家却不太愿意吃。这是因为水杨酸毕竟是“酸”，吃下去会刺激胃，带来的副作用简直让人难以忍受。所以，必须想办法把这个副作用去掉，水杨酸才能更好地发挥作用。

减少副作用这个思路也是现在的药物研发者要考虑的。许多药物的有效成分如果提纯出来直接给人吃，那都是苦得不得了，根本咽不下去，所以，为了减少人们服药时的阻力，就要给它们包上糖衣、胶囊，或者做成甜甜的糖浆。所谓“良药苦口”其实不一定对，药苦不苦跟它有没有效其实没有必然联系。现在，通过先进的制剂技术，可以大大减少药物的苦味。

## 阿司匹林的出现

今天，我们的退烧药里面已经不含有水杨酸了，例如，阿司匹林里面的有效成分是乙酰水杨酸。乙酰水杨酸其实是水杨酸和另一种物质发生化学反应形成的物质，最早是在1853 年的时候由法国化学家查尔斯 · 格哈特合成的。乙酰水杨酸跟水杨酸比起来，副作用大大减少了。

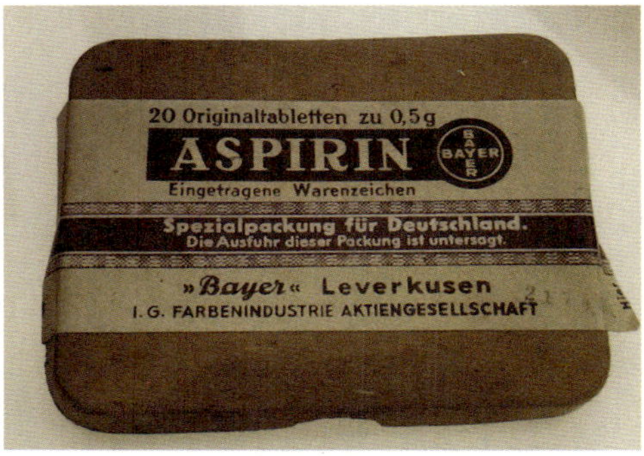


拜耳公司生产的阿司匹林的早期包装

但是，查尔斯 · 格哈特合成的乙酰水杨酸性质不稳定，纯度也不够。经过 46 年的改进，在马上要进入 20 世纪的时候，拜耳公司做出了效果最好、成本最低的乙酰水杨酸，并且给它起名叫阿司匹林。到这里，世界上第一款退烧药就正式出现了。

后来，人类历史上最严重的一次大流感出现了，当时全球有大约四分之一的人得了流感，甚至第一次世界大战都因为这场大流感而打不下去了。阿司匹林并不能治疗流感，但至少能减轻一些症状，让人舒服点。在这次流感暴发之前，医生开退烧药的时候都在处方上写“乙酰水杨酸”，也就是阿司匹林的有效成分，但是因为大流感，阿司匹林的需求量剧增，阿司匹林这个词比乙酰水杨酸要短，写起来快，所以等到第一次世界大战结束的时候，医生开退烧药时都不再写乙酰水杨酸这个长长的名字，只写阿司匹林。阿司匹林这个名字就这样流行开来。

到了大概 50 年前，科学家还发现：阿司匹林不只能退烧，还对心血管病人有好处。因为服用了阿司匹林后，心血管病人血液中的血小板就不容易聚集，这可以预防血栓的形成。在正常情况下，这其实是个副作用，这个副作用如果在受伤时出现当然很危险，会导致血流不止。但如果在没有受伤的情况下，依照医生的建议吃阿司匹林，可以减少心血管病人血管里发生堵塞的风险。所以，阿司匹林这款有上百年历史的退烧药，直到现在还在发挥作用。

# 假牙——曾经，假牙的来源是尸体

不知道你有没有这样的疑问：为什么几万年前原始人的牙齿化石看上去还是完好的，反倒是现代人的牙齿会有各种问题，需要做手术，人们年纪大了之后甚至还要戴上假牙，难道人类的牙齿越来越不好用了吗？

## 牙病的出现

人类的平均寿命增加之后，患牙病的可能性也增加了。在约 500 年以前，人类的平均寿命只有约 30 岁，大部分人的牙齿还来不及出问题呢。也就是说，古代大多数人去世的时候，牙齿还好好的。

而到了最近几百年，情况就不一样了，食物更充足了，人们的寿命明显增加了，他们遇到的牙齿问题也更多了。尤其是那些富贵人家，他们喜欢吃含糖量高的食物，很多人出现了蛀牙。吃的糖多，就容易患上严重的牙病。

除去外伤，常见的牙病大体上可以分为两类：一类是蛀牙，另一类是牙周病。

你肯定听说过吃糖吃多了会长蛀牙，其实是因为牙齿表面残留的糖会为细菌的成长提供食物，细菌会不断腐蚀牙齿，把牙齿表面给凿穿，露出里面的结构，然后继续发生细菌感染，一颗好牙就慢慢被蛀掉了。

牙周病则发生在牙周组织，例如牙龈的位置（也就是牙齿挨着肉的地方）。如果这个位置的缝隙里藏着食物残渣，细菌就会在牙龈内侧繁殖，破坏牙根和骨头。这种情况下，牙齿表面看起来可能挺正常的，没有蛀牙，但是其实根部已经烂了。

无论是蛀牙还是牙周病，都可能让人牙齿脱落。但如果从小精心清理，是能够延长牙齿使用时间的。到了 85 岁还能保持 20 颗以上的牙，这是完全有可能的事。

不过，这些也都是随着科学发展到今天才有的认识。古人是没有这些认识的，尤其是蔗糖刚刚进入欧洲的时候，大批上层贵族都拼命吃糖，很多人年纪轻轻，但满嘴牙都掉光了。比如法国国王路易十四，他在 40 岁时牙就都掉光了；英国女王伊丽莎白一世在 45 岁的时候，也只剩几颗牙了，为了保持形象，女王在出席大场面的时候还会在嘴里含上棉布，免得脸凹陷下去。

## 假牙的出现和猎牙者

其实，在很早之前，假牙就已经出现了。早在公元前 600 年，也就是距今约 2 600 年前，古罗马就已经有个别贵族用上了假牙。这种假牙是用黄金打造的，一般人用不起。当然，那时候人们寿命短，吃糖也不多，也不太需要假牙。进入 18 世纪以后，也就是约 300 年前，假牙的需求才突然暴增。约 300 年前的假牙跟约 2 600 年前的假牙结构类似，只是用了更多样的材料，比如牛骨头、死人的牙齿。

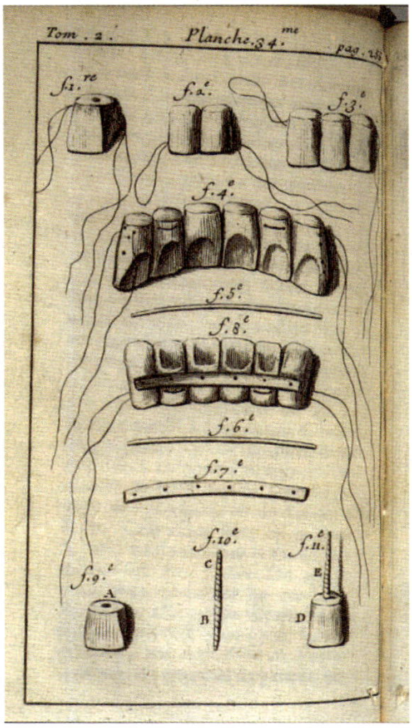


18世纪早期，现代牙科之父——皮埃尔·福歇尔在书中描绘了制作假牙的步骤

死人的牙齿？你没看错。虽然令人感觉毛骨悚然，但在当时它可是受欢迎的假牙材料，因为那就是人类的牙齿，尺寸合适，还足够结实耐用。当时有人专门做拔死人牙齿的生意，人称“猎牙者”。猎牙者总是在有尸体的地方徘徊，比如刑场或者医院的停尸房。他们会寻找牙齿状况良好的尸体，趁人不注意就撬开尸体的嘴，把牙掰下来带走。猎牙者甚至还会在夜里偷偷挖掘坟墓，从坟墓里撬走死者的牙齿。

在拿破仑征战欧洲各地的那段时间，欧洲有大量的猎牙者。你可能听说过滑铁卢之战，那是拿破仑战争中最惨烈的一战，约有 5 万名士兵战死。对猎牙者来说，这是不容错过的机会，漫山遍野都是身体状况良好的年轻男性，所以，等到夜幕降临，猎牙者就蜂拥而至，拔掉了众多阵亡士兵的牙齿。

当时一副完整的假牙要用掉 16～20 颗牙齿，据说这批牙齿用了 20 年才用完。由于它们成色好，数量多，

英国画家托马斯·罗兰森1790年绘制的插画：穿着蓝裙子的贵族女士正在接受牙医的治疗。她旁边的人被强行拔下牙齿，拔下来的牙将用来制作假牙

价格也较低，所以还出现了一个专门的词来指代这批假牙，就是“滑铁卢牙”。在其他战场上，猎牙者同样在大发横财。

死人的牙齿有人抢，活人的牙齿当然更受欢迎。在雨果的著名小说《悲惨世界》里就描写过穷人出卖牙齿的惨状。故事里有一位女工名叫芳汀，芳汀很漂亮，但她没有钱养自己的女儿，只能把女儿寄养在一个酒馆老板家里，定期寄钱过去。但酒馆老板趁机勒索她，后来芳汀不得不以 10 法郎的价格卖掉了自己的一头秀发，以 40 法郎的价格卖掉了 2 颗门牙。她卖出的门牙最后就被人做成了假牙。

## 假牙固定方式的进步

单独的一颗假牙要怎么固定呢？在当时，固定方式很简单，是用金属丝把假牙和嘴里健康的牙绑到一起。这样固定的假牙不仅不太好用，还有可能在说话时随着气流喷出来。想象一下，你正跟人聊着天，突然就喷出一颗假牙，那个场面得有多尴尬。

美国的首任总统乔治·华盛顿就有好几副上好的假牙，底座是用金属做成的，有的使用了马的牙齿，有的则是人的牙齿。这种假牙很昂贵，但其实不太好用，顶多能用来吃一些泡软了的面包，吃肉是完全不可行的。

乔治·华盛顿的假牙

但是，假牙解决了形象问题。一个人如果牙齿全掉光了，给牙齿提供支撑的骨头也会跟着萎缩，脸部就会塌陷。伊丽莎白一世出席活动的时候要在嘴巴里含棉布，就是为了让脸部饱满一些。华盛顿定制假牙也是同样的目的，他只有出席活动的时候才会戴假牙，因为这样能让他的脸看上去饱满一些。

假牙固定技术的改进要感谢新式橡胶的发明。1839 年的时候，美国商人查理·古德伊尔发明了新式橡胶，就是今天汽车轮胎使用的那种。当时，这种橡胶发明之后，马上就用在了交通工具、鞋底上，还有假牙的牙托上。和金属的底座比起来，橡胶底座就便宜多了。

你可能会想：橡胶比较柔软，应该戴起来也更舒服吧？那倒未必。英国首相丘吉尔就是个没法儿接受橡胶牙托的人。当他心烦意乱到极点的时候，比如正在跟大家开战略会议的时候，突然，他就会做出一个“奇葩”举动：张开嘴，把假牙掏出来，然后重重地摔到地上。其实，丘吉尔摔假牙是因为这副橡胶假牙戴起来不舒服，在他心情极度糟糕的时候显得尤其难受，让他恨不得马上把假牙掏出来摔掉。后来，牙医帮丘吉尔重新做了一副尺寸精准的、带金属牙托的假牙，这副假牙总算戴起来舒服了，丘吉尔身边的人就再没见过他摔假牙了。

吉尔伯特·斯图尔特1895年绘制的乔治·华盛顿画像。乔治·华盛顿一生都有牙病问题，22岁就掉了第一颗牙，当总统的时候就只剩一颗牙了

今天，人们对牙齿卫生的重视程度远远高于以前，而且，牙医的技术也有了很大的进步。就算是像华盛顿总统那样满口牙都掉光的人，也可以选择全口种植牙，把一副完整的假牙固定在牙槽骨上。这些假牙不仅美观，而且能够帮助吃饭，应该会让古人羡慕不已。

当然，人们也还在研究更先进的技术，希望有朝一日能让掉落的牙齿重新萌生出来。这项技术离实际应用还很远，因为我们还没办法让干细胞精准地长成不同类型的牙齿。这涉及未来科技里的再生医学技术。

## 正畸很重要

那么，怎么能够让一副牙齿多用几十年呢？有医生认为，大部分人在12岁左右需要做牙齿正畸，也就是俗称的“整牙”，让牙齿更整齐。正畸后，所有的牙会排列得更整齐，牙齿间的缝隙很小，不容易藏脏东西，刷牙的时候更容易刷干净。牙齿整齐可以带来一个好处，就是让清洁的效果和防护的效果都变得更好，这无形中就增加了牙齿的使用年限。

当然，正畸也是要付出代价的，需要花钱不说，许多人还需要在大约一两年的时间内一直戴着钢牙套，戴的时候还有点儿疼。值得一提的是，如果要正畸，一定要去正规场所找专业的医生。

# X 射线——从发明到善用，我们走过的弯路

去医院看病，医生经常会让病人拍片子，例如拍个 X 光片。这里的 X 光就是指 X 射线。X 射线这个名字听起来非常神秘，但它真实存在。X 射线是一种穿透力比紫外线强很多倍的射线。因为 X 射线的穿透力特别强，能实现“透视”，所以安检仪上通常会使用 X 射线。而 X 射线在科学和医学领域的应用就更加广泛了。

从发现 X 射线到现在，才过了 100 多年，但它可能是这 100 多年间最重要的发现之一了。你在生物课上会学到，我们身体里的遗传物质叫 DNA，它是双螺旋结构。最早，这个结构就是通过 X 射线的照射才发现的。也就是说，如果没有 X 射线，我们的科学发展会落后很多。物理学家不仅用 X 射线分析了 DNA 的分子结构，还分析了各种晶体的结构。

晶体是什么东西呢？晶体通常是固体物质，而且，构成晶体的原子或分子等在空间上按一定规律重复排列。但是，晶体是没办法光凭肉眼看出来的。比如玻璃，它看起来晶莹剔透，但它的分子在空间上不按一定规律重复排列，所以它不是晶体。要想看到物体的微观结构，还得利用 X 射线才行。科学家把物体切成薄片，然后用 X 射线照射它们，X 射线的穿透力特别强，会透过切片在后面的屏幕上留下各种花纹。通过这些花纹的样式，科学家就能判断所观察的物质是不是晶体结构，以及是什么样的晶体结构。

因为穿透力强，X 射线也被应用于医学领域。X 射线是 1895 年 11 月才被科学家发现的，就在半年多之后，就有一个中国人用它拍了照片来确认伤势。你如果熟悉历史，就肯定听过这个中国人的名字，他就是晚清重臣——李鸿章。

## 遇刺的使节

1895 年 3 月，李鸿章代表清政府，在日本进行关于《马关条约》的第三次谈判。谈判

结束后，李鸿章满脸愁容地坐着轿子离开会场。结果，半路上突然跳出来一个日本刺客，对着李鸿章的轿子就是一枪。这名刺客想要杀掉李鸿章，破坏停战谈判，激化清政府和日本政府的矛盾。

当时，刺客这一枪正中李鸿章的左脸，这位 72 岁的老人立即昏死过去。好在，那时候日本平民能弄到的手枪威力有限，子弹只嵌进了骨头，没有射穿头颅，李鸿章最终保住了性命。

1896年的李鸿章

第二年，也就是 1896 年，李鸿章代表皇帝出访欧洲各国，德国是这趟访问中重要的一站，因为当时中国是德国军火武器的重要客户，所以，德国相关人员对李鸿章的招待也特别周到，希望李鸿章能带来大笔订单。在和李鸿章会面的时候，首相俾斯麦谈到了去年德国科学家伦琴发现的 X 射线，说这种神奇的光线可以照出人体骨骼的情况。

李鸿章想起自己脸上受的伤，弹片还残留在骨头里。他就提议说，能不能用这种神奇的 X 射线检查一下。接下来，德国人就安排李鸿章在柏林医院做了 X 射线检查。

那么，神奇的 X 射线有没有拍到骨头里的子弹呢？李鸿章在日记里记录了这次检查，他写道：“即见枪子一颗，存于左目之下，纤毫毕现。”就是说，子弹留在他的左眼下方，X 射线把这个画面拍得清清楚楚。

今天我们也还在用 X 射线做身体检查。X 射线会穿透人体，密度较低的结构吸收的 X 射线较少，形成的影像更亮，密度较高的结构吸收的 X 射线较多，形成的影像更暗。

## X 射线是如何被发现的

德国物理学家伦琴是怎么发现 X 射线的呢？其实，X 射线的发现纯属意外。在之前的一二十年里，物理学家们都在关注一种叫作阴极射线管的东西。当时的阴极射线管看起来

伦琴

就是一根玻璃管，两端分别是阳极和阴极，加上高电压之后，管中会产生高速电子流，电子流撞击到某个物质后会产生 X 射线。

那时候的物理学家只知道这样的设备会产生带电粒子，还会偶尔遇到照相底片莫名其妙曝光的情况，但是大家都以为那是照相技术的问题，所以没有重视它，只有伦琴对这个问题进行了深入研究。他发现，原来是阴极射线管中产生了一些肉眼看不见的光，正是这种光使得底片曝光。即便把底片保护得很好，但只要靠近正在工作的阴极射线管，底片就报废了。

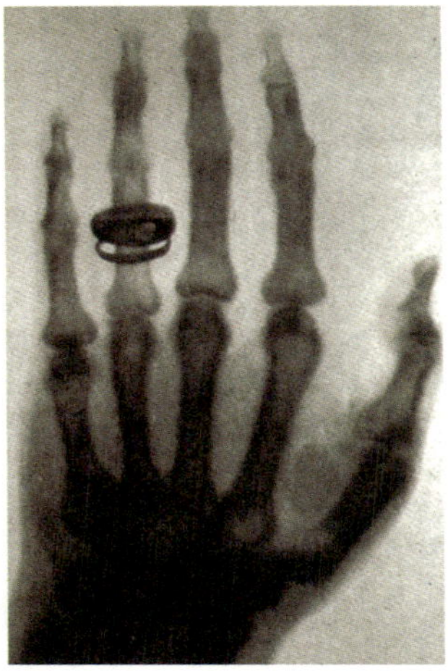

伦琴妻子的手的X光片

伦琴当时将手放在阴极射线管和荧光屏之间，结果出现了惊人的一幕，看不见的光透过了皮肤，在后面的屏幕上映出了骨骼的模糊图像。伦琴立刻意识到，这是人类从没有研究过的一种射线，他马上把妻子叫过来，也给她的手拍了一张照片。

1895 年 12 月，伦琴提交了论文，描述了这种看不见的射线以及它是如何穿透物质的。由于当时还不知道这种射线是怎样产生的，也不知道它是由什么物质组成的，所以，伦琴决定用字母 X 来给这种射线命名，X 在数学里就是代表未知数的。这种射线就得名“X 射线”了。

有很多人后来都建议伦琴用他的名字来命名 X 射线，就叫它“伦琴射线”，但是伦琴觉得这样违背了严谨的科学精神，所以他一直坚持用 X 射线这个名字。后来，人们也用“X 光”这个词来称呼这种射线。

由于伦琴从一开始就用 X 射线来拍摄骨骼照片，所以没过几个月，X 射线就应用到了医疗中。当时，发明家爱迪生和特斯拉也把 X 射线用到了很多其他地方，甚至还有人为了满足富人们的好奇心，发明出了各种 X 射线装置。可以说，在 X 射线刚刚被发现的时候，它是被到处滥用的。

## X射线虽好，不能滥用

没过几年，恶果就显现了。那些负责给人拍 X 射线照片的摄影师都开始出现奇奇怪怪的问题，有的人头发一把把地掉，有的人手上皮肤出现溃烂，有的人长了肿瘤。还有的人出于好奇用 X 射线给孕妇拍照，结果拍完照不久，孕妇就流产了，或者生出了畸形的孩子。后来人们很怕 X 射线，有一部分原因就是最初技术被滥用的时候出现了很多悲剧。

今天，大家都知道 X 射线不能随意照射，医院也会有警示标识

其实，那是因为人们最开始不知道照射的剂量和健康之间的关系。有时候为了拍得清晰一些，负责拍照的人甚至还会加大照射剂量。在 X 射线被发现约 10 年之后，英国物理学家巴克拉证实，X 射线其实就是光，和可见光在本质上是类似的，但 X 射线的频率非常高。

我们身边其实充满了各种不同频率的光，比可见光频率高的有紫外线、X 射线，比可见光频率低的有红外线和用来通信的电磁波。电视信号、手机信号用到的电磁波其实也是一种光。

1901 年 12 月，人们举办了首届诺贝尔奖颁奖典礼，伦琴因为对 X 射线的细致研究荣获了诺贝尔物理学奖。那些比伦琴更早遇到 X 射线却没有重视它的科学家，当时肯定懊悔不已。

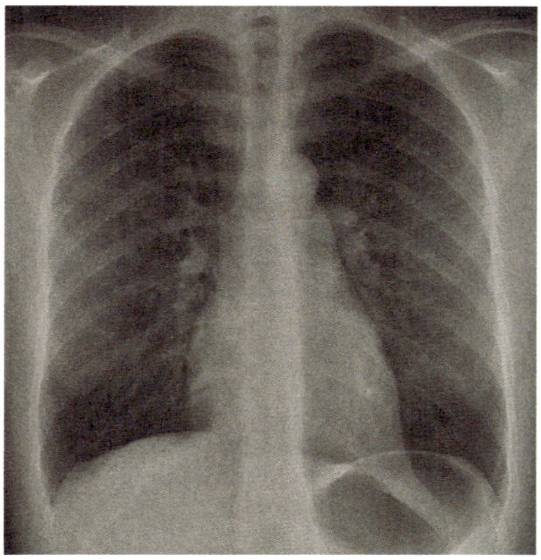

胸部 X 光片

创意延展

## X射线并不可怕

讲一个你肯定很关心的问题：X 射线到底危不危险，能不能拍 X 光片？其实没有必要担心，你只要记住一个原则：只要医生认为有必要，给你开了拍 X 光片的单子，你就去拍。

虽然拍 X 光片确实存在风险，但是好处远远大于坏处，拍照后医生就能确认到底是哪里出了问题，然后有针对性地进行治疗。况且，今天的 X 射线机使用的剂量已经比伦琴所在的年代少了 99% 以上，所以，只要遵医嘱，就没必要担心这个问题。

至于地铁站的安检仪，就更不用担心了，它用的剂量比医院的机器还要小，而且安检仪检测的是你的物品，大可以放心。

# 疫苗——消灭传染病的大功臣

今天大家都非常关心一样东西：疫苗。这是什么呢？你可以把它理解成为了避免患某种疾病而在身体里种下的小树苗。当然这只是个比喻，疫苗不是树苗，它是通过打针或者吃药的方式进入我们人体的，这个过程叫作接种。接种疫苗之后，人体就能获得对抗相应疾病的免疫力。如果很多人都有这样的免疫力，某种疾病就再也无法传播开来，就能被彻底消灭了。

说起来容易，但要想真正消灭某种疾病其实很困难。今天，全世界只有一种疾病是依靠人类自己的力量消灭掉的，这种疾病叫作天花，曾经危害人类数千年。我们是怎么消灭天花的呢？靠的就是疫苗。

## 可怕的天花

天花是一种由天花病毒引起的疾病。如果有人不幸感染了天花，就会发高烧，浑身剧痛，持续几天后，舌头、喉咙等处开始长脓包，接着全身都会出现脓包，病人感觉浑身像烧伤了一样，几天之后，病人嘴里的脓包会肿大到让他无法吃饭，连吞口水都很困难。如果挨过这个阶段，接下来，浑身的脓包会裂开，让身体散发出恶臭。这一时期，伤口非常容易感染，一旦大面积感染，病人就可能因败血症而死亡，这也是天花传染性最强的阶段，照顾病人的亲属很容易被传染。

如果病人有幸活下来，他身上的脓包会干瘪、结痂，这时候痂里还有病毒刺激着身体，让病人持续感到瘙痒。等痂全部掉落，病人可算是熬了过来。康复后，病人的皮肤上会留下永久的瘢痕。大部分得过天花的人，脸上都留下了瘢痕，好在得过一次天花就会获得免疫力，以后就不会再得了。

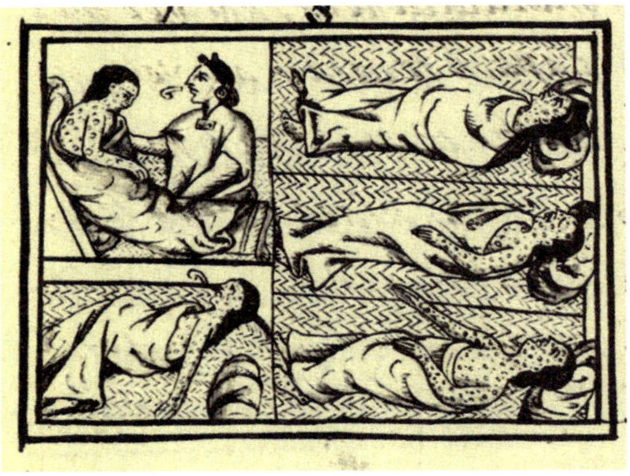

16世纪佛罗伦萨手抄本中的插图，描绘了美洲原住民感染天花的情形

在几千年的时间里，人们没有什么有效的手段来应对天花。重型天花死亡率很高，尤其是对儿童来说，死亡率可高达50%，也就是说只要得上这个病，活下来的概率可能只有50%。

医生们当然不会眼睁睁看着病人死去，他们想尽办法治疗，但是这些办法统统没用，病人的情况还越来越糟了。1682年，英国有位医生详细记录了几百名天花病人的情况，对比他们的治疗方法，结果发现，那些花大钱请医生用尽各种手段治疗的病人，死亡率明显高于负担不起医药费、只能躺在家里静养的穷人。当年这病治了还不如不治。这位医生认为，应该保持房间凉爽、空气清新，不要通过过度发汗治疗天花。这种简单的护理方法提高了病人的生存率。

在研究治疗方法的过程中，人类其实还找到了一个办法，但这是一个比较冒险的做法。怎么做呢？既然病人都是患过一次病就不再患病，那我们能不能在健康的时候，先主动和天花病毒来一次小小的接触？就稍微接触一下，让病情轻一些，不至于得重病死掉。这样一来，我们也算是得过天花了，是不是就能永远不患病了？

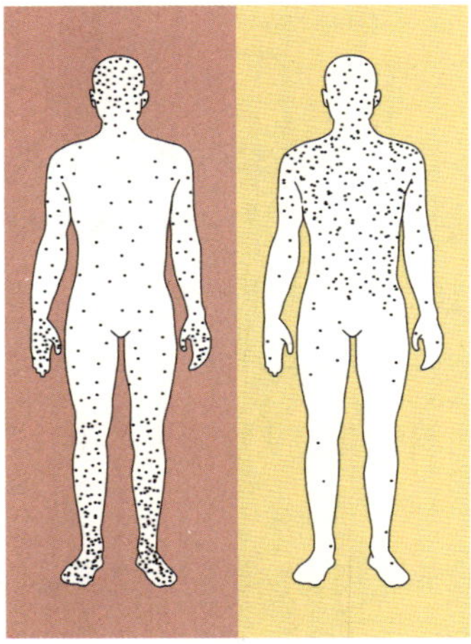

天花病人（左）和水痘病人（右）都会长脓包，但是部位不同

好像有点道理。那么，怎么能稍微接触一下天花病毒呢？

当时医生的做法是，找病情最轻微的天花病人，从他们的脓疱里取出一些液体；然后拿一团棉线，吸取脓疱液体；接着，再割开健康人手臂上的皮肤，把沾了病毒的棉线塞进伤口，过24小时再取出来。这样，和天花病毒的接触就算完成了。

感染天花病毒的人也会得天花，不过大多病情较轻，死亡率下降到了2%。但是仔细想想，2%的死亡率还是很恐怖的，如果今天我们还用这个方法，一座城市里有100万人感染天花病毒，2%的死亡率就意味着最后会死掉2万人！

# 第一种疫苗的诞生

这种方法已经可以算接种疫苗的雏形了，我们管它叫“人痘接种法”，就是接种从人身上取出的天花病毒。这种方法很早之前就在中国流行，后来传到了欧洲各地。

为了能承受发病时的痛苦，医生会建议准备接种人痘的健康人提前 1 个月锻炼身体，保证饮食均衡，充分休息，让身体处在最好的状态，尽量减轻症状。如今，我们注射疫苗的时候也需要这样做，就是为了减轻接种后的不良反应。在接种疫苗前的几天，应该睡足觉、吃好饭，接种当天精力越充沛，不良反应可能就越轻微。

真正的安全疫苗是在 18 世纪末被英国医生爱德华 · 詹纳发现的。他观察到农村里的一个现象：哪怕在天花高发的时期，乳制品厂里的挤奶女工也没有一个人会得天花。结合当时接种人痘的方法，詹纳医生联想到，这可能和挤奶女工常得的牛痘有关。

牛痘是牛可以传染给人的一种疾病。牛的乳房附近会长脓包，挤奶女工有时候操作不慎会弄破这些脓包，如果当时她们的手上有伤口，比如手上冻裂的伤口，那么脓水就会流到伤口上，让挤奶女工也出现轻微的症状。有些人可能会发低烧，浑身酸痛。牛痘的一些症状跟天花很像，那会不会得过一次牛痘，就再也不会得天花了呢？

詹纳医生大胆地做了尝试，这个实验在今天看来是非常冒险的，但是在 1796 年，詹纳医生做出了符合那个时代认知的做法。他把牛痘接种给了家里园丁的儿子。这个 8 岁的小

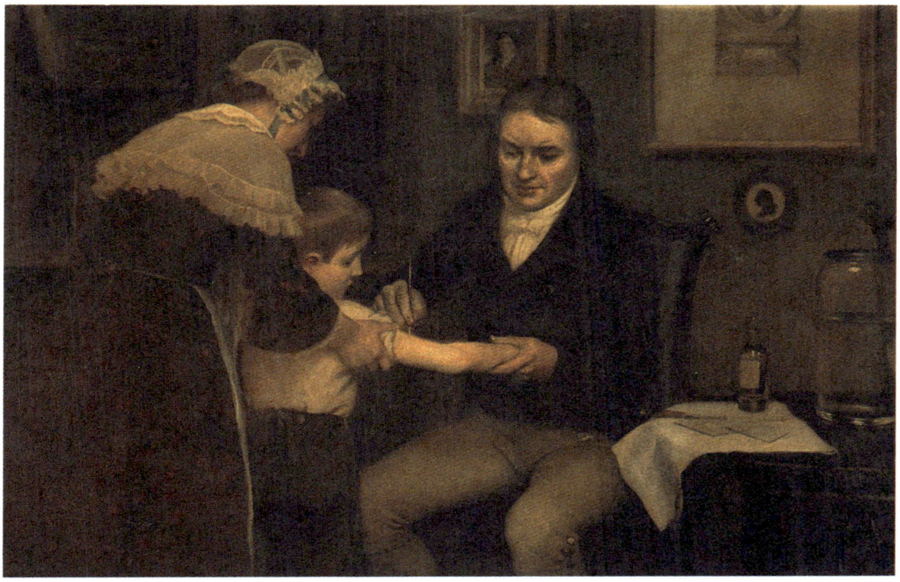

爱德华 · 詹纳第一次接种疫苗的对象是一个8岁男孩

男孩果然患上了牛痘，但是症状轻微，他很快就康复了。之后，詹纳医生又用天花病毒来感染他，结果孩子没有染病，一直健健康康的。于是，人类第一次有实验记录的天花疫苗就诞生了。

天花疫苗是我们人类发明的第一种疫苗，它的原理是利用一种跟天花病毒结构相似但是毒性不强的病毒，来训练我们人体的免疫系统。接种后，人体能够识别出天花病毒，在天花病毒入侵人体的时候，免疫系统就能及时杀灭病毒了。

## 第二种疫苗：狂犬疫苗

在差不多 90 年后，人类才研发出了第二种疫苗。1885 年 7 月，一个 9 岁的孩子刚刚被疯狗咬伤，伤心的母亲抱着他来到了巴斯德的实验室。巴斯德就是之前讲过的巴氏杀菌法的发明者。

来找巴斯德的时候，孩子的母亲非常绝望，因为她确定咬过她儿子的狗是疯狗，儿子肯定会得狂犬病。在当时，狂犬病的死亡率几乎是 100%，比天花还要厉害。狂犬病毒专门在神经系统里大量繁殖，最后让人神经错乱，并一点点控制我们的心跳、体温、呼吸。

为什么要找巴斯德呢？因为他是微生物学家，而且他当时正在研究狂犬疫苗，是孩子唯一的希望。在那之前几年，巴斯德一直在专心做狂犬疫苗。他曾提取患病兔子的一部分脊髓组织，进行处理后再去感染健康的狗，看看要怎样做才能恰好让那些健康的狗获得免疫力，但又不至于发病。

这个获得免疫力但是不发病的平衡点很难找，幸运的是，在那位母亲找到他的时候，巴斯德刚刚找到了这个平衡点。于是，在接下来的 20 多天里，他给孩子注射了 12 次狂犬疫苗。最终，这个被疯狗咬伤的孩子活了下来。为了报答巴斯德，长大以后，他成了巴斯德研究所的门卫。

## 疫苗的发展和未来

回顾刚才的两种疫苗，我们发现有两种不同的研发思路。狂犬疫苗使用的是活的狂犬病毒，只不过是把毒性降低；而天花疫苗用的是另外一种病毒。

后来，科学家还用到了更多的疫苗研发思路，比如灭活。研究者先把病毒杀死，然后再用死去的病毒来训练我们的免疫系统，因为我们的免疫系统是靠识别病毒的特定结构来判断要不要攻击病毒的，所以，用死亡病毒来做疫苗，就足够训练免疫系统了。灭活疫苗最大的好处是安全，因为病毒已经失去活性，所以不会真的致病。

第一次世界大战中，美国士兵在接种伤寒灭活疫苗

今天，我们常见的疫苗还有减毒活疫苗。这种疫苗用到的都是活病毒，只是病毒的毒性很弱。你可能会觉得减毒活疫苗还有毒性，太危险了，其实不是。

病毒入侵人体后，会存在于两个地方，一个是血液里，另一个是细胞里。如果注射的是减毒活疫苗的话，那么进入人体之后，疫苗中的病毒也会同时存在于两个地方，今后免疫系统可以在这两个地方识别病毒。而灭活疫苗中的病毒就没有这个本事了，它们已经死了，没法儿进入细胞藏起来。所以，减毒活疫苗的预防效果其实是更持久、更好的。

那为什么有的疫苗是灭活疫苗，有的是减毒活疫苗呢？这是科学家在研发疫苗的时候根据病症做出的选择。跟几百年前的人们比起来，今天我们有可以预防一些疾病的疫苗，实在是非常幸运了。